# 진짜? 가짜?

신기하고
재미있는

# 일본 음식 이야기

일러두기

* 한국어에 없는 단어나 한국인이 이해하기 어려운 일본식 표현은 옮긴이가 각주를 달아 표기하였습니다.

# 진짜? 가짜?

신기하고
재미있는

# 일본 음식 이야기

**타무라 코지**(田村幸治) 지음
**유태선** 옮김

# 들어가면서 ........ 119

일본에는 지역에 뿌리내린 전통음식과 외국에서 건너온 식재가 풍부하여 다양한 음식을 즐길 수 있다. 일본 음식은 어디에서도 찾아볼 수 없는 독특한 식감을 자아내고 있을뿐만 아니라 맛과 기술도 세계적으로 높은 수준을 자랑한다.



이러한 많은 음식 중에는 가격이 비싸고 구하기 어려운 것도 많다. 그래서 비교적 구하기 쉬운 다른 재료를 이용해 만든 가공식품이 개발되고 있는데, 진짜가 아닌 '카피 식품'이라고 불리는 것들이다. 비록 진짜를 따라 한 것이지만, 카피 식품이 가지는 의의는 매우 큰데, 카피 식품은 다양한 취향을 반영하고 최대한 진짜와 비슷하게 만들려고 노력하여 높은 성과를 이뤄냈다. 또 카피 식품 때문에 비싸고 구하기 어려운 음식을 많은 사람이 즐길 수 있게 되었다.

그러나 한편으로는 위장식품이라고 비판하는 목소리도 높다. 또 제조 과정에서 들어가는 첨가물에 대한 찬반론도 뜨겁다. 이에 관해 본서에서는 가공식품에 첨가물이 들어가는 것을 지지하고 있다. 왜냐하면, 식품의 품질 저하를 방지하기 위해서라도 첨가물은 반드시 필요하기 때문이다. 물론 음식을 안전하게 먹을 수 있도록 첨가물에 대한 감시와 관리도 철저히 이루어져야 한다.

## 일본 음식에 대해 알아보자

일본에는 일본의 음식 문화가 낳은 다양한 생산품과 지역에 뿌리내린 음식 등이 많다. 본서는 이러한 음식의 탄생 배경과 옛날부터 전해져 내려온 음식과 관련된 많은 에피소드를 소개하려고 한다. 또 음식을 안전하게 먹는 방법과 일본의 식품 사정 등 음식을 둘러싼 흥미로운 사실들을 소개한다. 이 책을 통해 독자들이 일본 음식에 대해 폭넓게 이해하고 그것에 대한 지식이 쌓이길 바란다.

마지막으로 한국과 일본, 아시아는 각각 특징적 · 공통적인 음식 문화를 가지고 있는데 서로의 발전과 교류를 위해서라도 한국 독자가 이 책을 꼭 읽기를 권한다.

들어가면서 ......... 4

제1장 진짜? 가짜? 구분하기 어려운 카피 식품 9

제2장 카피 식품으로 잘 알려진 식품 81

제3장 일본의 재밌는 식품 107

제4장 다이어트 열풍으로 주목받은 식품 123

제5장 독특한 향토 식품 135

제6장 음식을 안전하게 먹는 방법 143

제7장 같이 먹으면 안 좋은 식품 151

제8장 아직도 해결되지 않은 음식 관련 문제 157

제9장 해결해야 할 과제가 많은 식품의 위장 문제 171

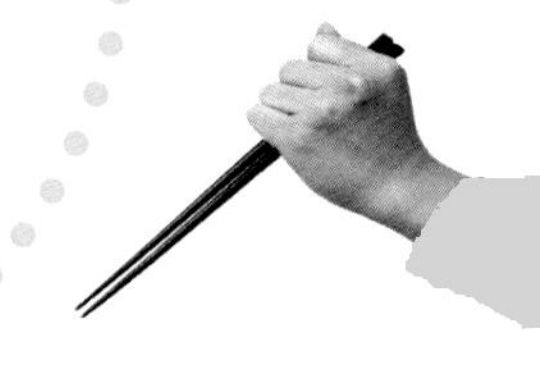

제10장 음식에 얽힌 에피소드 181

제11장 생선에 얽힌 에피소드 231

제12장 옛날부터 전해 내려온 습관 241

제13장 다양한 종류의 비상식 259

마치면서 ......... 266

# 제1장

# 진짜? 가짜? 구분하기 어려운 카피 식품



식품 중에는 비싸고 구하기 어려운 음식 재료가 많다. 그래서 비교적 구하기 쉽고 저렴한 다른 재료를 이용해 만든 가공식품이 개발되는데, 진짜 식품이 아닌 '카피 식품'이라 불리는 것들이다. 이것들은 천연 식재가 비싸거나 구하기 힘든 경우에 생산하며, 맛과 모양을 비슷하게 따라 한 것들이다. 이 때문에 진짜와 구별하기 어렵다는 비판도 종종 있다. 그러나 알레르기나 질병 등으로 제한된 음식을 먹어야 하는 사람들이 대용식으로 이용하는 경우도 많기에 그 역할이 크다.

대용식으로서의 카피 식품에는 특정 영양소를 강화한 것, 반대로 알레르겐으로 변하는 특정 성분을 없앤 것 등이 있다. 또 진짜 식품의 맛과 모양으로 비슷하게 만들어서 먹었을 때 만족감을 얻을 수 있도록 고안하였다.

## 식물성 지방을 사용한 **우유와 생크림**

카페에서 판매되는 커피에는 보통 우유가 들어간다. 하지만 가정에서는 우유보다 가격이 저렴한 커피 프레쉬(Coffee Fresh)나 포션 크림(Portion Cream)이라 불리는 액체로 된 커피크림을 이용하는 경우가 많다. 이것은 진짜 우유나 생크림이 아니라 식물성 유지를 순하게 유화하는 기술을 사용해 만들어진 식품으로 유통 기한은 상온에서 100일이다.

생크림

한편 생크림의 대용품으로서 유제품에 식물성 유지·유화제 등을 첨가해 기포를 유지하게 한 것이 휘핑크림이다. 휘핑크림은 설탕과 바닐라, 초콜릿 등의 맛을 첨가한 것 등 종류도 다양하다. 휘핑크림은 진짜 생크림보다 가격이 저렴하고 콜레스테롤도 낮다. 또 생크림은 유통 기한이 짧아 늘 냉장고에 비축해 두는 것이 어렵지만, 휘핑크림은 저장성이 높아 냉장고에 오래 보관할 수 있다. 대량 생산을 하는 양과자는 휘핑크림을 생크림보다 많이 사용한다. 유통 기한은 상온에서 100일이다.

· 요리 비법으로 활약

휘핑크림을 오믈렛 등 달걀을 이용한 요리에 넣으면 유지(油脂)의 특성처럼 부드러워진다. 또 카레에 넣으면 매운맛을 조절할 수 있다.

### ✋ 진짜? 가짜? 어떻게 구분할까?



본래 생크림은 우유 특유의 감칠맛이 나고 자세히 보면 표면이 거칠다. 그러나 휘핑크림은 담백한 맛이 나고 표면이 선명한 흰색을 띤다. 하지만 다른 재료와 함께 요리하면 그 차이를 알 수 없다.

### ✋ 식품 원재료(휘핑크림)

식물성 유지, 물엿, 설탕, 유제품, 포도당, 유화제, 카세인 나트륨, 안정제(가공 녹말, 크산탄), 향료, 셀룰로오스, 인산염, 카로틴 색소, 원자재 일부에 콩을 포함.

## 증량제가 듬뿍 들어간 **아이스크림**

락토아이스

아이스크림은 우유를 넣어 만든 식품이다. 우선 우유에 공기가 잘 들어가도록 휘저은 뒤 식힌 것을 크림 모양으로 만들어 이것을 얼리면 아이스크림이 완성된다. 특히 맛이 부드러운 것을 '소프트아이스크림'이라고 부른다. 유제품, 당분, 유지, 안정제, 유화제, 향료를 사용하여 만든다.

아이스크림은 우유를 얼마나 충분히 사용했는지와 우유 고형물 함유 등에 따라 종류를 구분한다.

진짜 아이스크림은 유지방이 많은 우유에 노른자, 설탕을 넣어 만든 것으로 영양가가 높다. 한편 후생노동성이 정한 아이스크림이란 우유 고형물이 15.0% 이상(그중 유지방이 8.0% 이상) 들어 있는 것, 아이스밀크란 우유 고형물이 10.0% 이상(그중 유지방이 3.0% 이상) 들어 있는 것, 락토아이스란 우유 고형물이 3.0% 이상 들어 있는 것을 말한다. 이밖에 과즙을 얼린 아이스캔디나 셔벗과 같이 우유 고형물 3% 미만인 것은 아이스크림류와는 다르게 취급되어 '빙과'라고 표시한다.

### · 식물성 우유로 제조

시중에 판매되는 아이스크림 중 대부분은 유지방의 적은 중량 때문에 유화제나 안정제를 넣는다. 또 물과 기름을 유화제로 균일하게 융합시킨 식물성 우유를 사용한 락토아이스는 탈지분유 대신 카세인, 대두 단백질 등과 합성호료를 사용한다. 또 맛을 내기 위해 향료와 다양한 감미료, 딸기색의 착색료 등을 가득 첨가한다.

한편 원료 비용 절감과 건강한 이미지를 겨냥하기 위해 식물성 유지도 사용하는데, 유지방분처럼 실온에 가까워지면 고체가 되고 체온과 비슷한 온도에서는 액체가 되는 성질의 유지를 사용한다. 또, 유지 자체에 특유의 냄새가 없어야 하므로 이 조건에 맞는 야자 경화유와 팜유, 면실유 등을 사용한다.

### · 아이스크림류는 유통 기한이 필요 없다

아이스크림은 온도만 제대로 관리하면 세균이 절대 늘어나지 않으므로 장기간 보존해도 품질이 거의 변하지 않는다.

후생노동성의 '우유 및 유제품의 성분 규격 등에 관한 규칙'이나, 농림수산성의 '가공식품 품질 표시 기준'에서는 '아이스크림류는 기한 및 그 보존 방법을 생략할 수 있다'라고 규정하고 있다. 이에 따라 아이스크림 업계에서 정하고 공정거래위원회에서 인정한 '아이스크림류 및 빙과 표시에 관한 공정경쟁 규약'에서는 유통 기한을 표기하지 않는 대신 상품 표면에 '가정에서는 −18℃ 이하에서 보관해 주세요' 혹은 '요(要) 냉동(−18℃ 이하에서 저장)' 등을 기재하여 아이스크림 보존에 대한 주의를 촉구하고 있다.

## 진짜? 가짜? 어떻게 구분할까?

락토아이스를 예로들면, 성분 표시와 맛을 통해 구분할 수 있다. 우유가 안 들어간 락토 아이스는 향료, 감미료 등을 넣어 맛은 그럴듯하지만, 우유의 맛이 느껴지지 않고 담백하다.

**식품 원재료**(우유가 들어가지 않은 락토아이스·초콜릿 맛)

설탕, 포도당과당액당, 유제품, 코코아, 식물성 유지, 옥수수 녹말, 안정제, 유화제, 향료, 착색료.

## 우유가 들어가지 않은 **치즈**

피자에 많이 사용하는 식물성 치즈

치즈는 소·물소·양·염소·야크(yak) 등에서 짜내는 우유를 원료로, 응고와 발효 등의 가공을 거쳐 만들어지는 유제품이다.

우유는 영양가가 매우 높은 식품으로 오래전부터 전 세계에서 널리 사용해 왔다. 하지만 그 자체로는 저장성이 떨어지고 액체 형태이므로 운반하기 불편한 단점이 있다. 이러한 단점을 보완하기 위해서 수분을 빼고 보존성과 운반성을 높인 것이 치즈이다.

치즈의 기원은 확실하지 않지만, 기원전 4000년쯤부터 만들기 시작했다고 알려졌다. 일본에서는 일찍이 소(蘇)라고 불리는 치즈와 비슷한 식품이 있었다.

치즈를 만들기 위해서는 우선 우유를 레닛(rennet, 우유를 응고시키는 효소) 또는 산(식초, 레몬즙 등)과 합쳐 정치발효법(静置発酵法)을 이용해 발효한다. 그러면 우유가 보송보송한 하얀 덩어리와 맑은 물(유청, 유장)로 분리되는데 이 하얀 덩어리를 커드라고 한다. 커드에서 수분을 더 많이 없앤 것이 프레시치즈(fresh cheese)라 불리는 치즈의 원형이다. 대부분은 이에 숙성, 가공 과정을 거쳐 다양한 맛의 치즈를 만들어 낸다. 가공 과정에서는 유산균이나 곰팡이 등을 이용해서 발효시키거나 보존·가압 등의 공정을 더해 저장성을 높이는 등의 방법이 이루어지고 있다.

### ▪ 대체 치즈, 이점도 있다!

치즈를 모방하여 만든 식품으로 엄밀히는 치즈라고 할 수 없지만, 치즈의 유지방을 식물성 지방으로, 우유 단백질을 대두 단백질 등으로 바꿔 만든 대체 치즈가 있다. 유제품을 아예 포함하지 않은 것도 있다.

이것은 진짜 치즈보다 원료 비용이 저렴하여 독일에서는 연간 10만 톤을 생산한다. 일본에서도 2007~2008년에 치즈의 원료인 우유 가격이 폭등하면서 주목받기 시작했다. 진짜 치즈 보다 콜레스테롤이 낮고, 우유 알레르기 환자나 동물성 식품을 전혀 섭취하지 않는 채식주의자도 먹을 수 있다는 이점이 있다.

주로 우유가 아닌 식물성 기름으로 만들며, 가격이 저렴해 진짜 치즈의 대용품으로 먹는다. 또 진짜 치즈와 맛이 매우 비슷하고 오븐에 구우면 쉽게 녹으므로 피자를 만들기에 적합하다. 집으로 배달하는 피자는 영업용 식물성 단백질이나 진짜 치즈를 섞어서 사용하는 경우도 많다.

또 최근에는 콩으로 만든 치즈도 시중에서 판매하고 있다. 여기에는 식물성 우유 단백질 등 본래 치즈에는 들어있지 않은 것을 많이 첨가한다. 자연 치즈(natural cheese)는 생우유를 발효시켜 만드므로 유산균 등이 살아 있지만, 콩으로 만든 치즈는 유산균을 찾아볼 수 없다.

이러한 치즈를 사용해서 만든 살라미 치즈* 등이 있지만, 고기가 아닌 대구, 돼지비계, 녹말가루, 착색료, 증점다당류, 조미료, 보존료, 기타 첨가물을 넣어 만든다.

### ✋ 진짜? 가짜? 어떻게 구분할까?

대체 치즈는 진짜 치즈와 느낌은 비슷하지만, 치즈 특유의 향이 확연히 떨어진다. 또 끝에 느껴지는 맛과 혀에 느껴지는 감촉이 좋지 않다.

### ✋ 식품 원재료(대체 치즈)

식물성 우유 단백질, 향료, 유화제, 전분, pH조정제, 안정제, 착색료.



## 고기에 기름을 주입한 **차돌박이**

차돌박이는 지방질이 근육 사이에 그물코처럼 촘촘하게 박혀있는 고기이다. 주로 소고기에 사용하는 단어이지만, 돼지고기나 말고기에 사용하기도 한다.

근육(근육 섬유) 사이에 들어간 지방은 '사시(サシ)'라고 불리는데 그것이 촘촘할수록 고급이다. 주로 어깨 등심이나 설로인과 같은 등 부위의 고기가 차

* 살라미는 훈제가 아닌 이탈리아식 드라이 소시지이다. 쇠고기와 돼지고기의 등심살에 돼지기름을 넣고, 소금과 향신료를 많이 넣어 간을 세게 맞추고 럼주를 가한 후 건조시킨 것이다. 이것이 들어간 치즈를 살라미 치즈라고 한다.

돌박이로 만들어진다. 지방이 많은 고기는 호불호가 갈리므로 참치 토로(トロ)* 등과 같이 고부가 가치 상품으로 판매된다.

보기만 해도 황홀한 사시가 들어간 구이, 샤부샤부, 스테이크 등은 미식가라면 반드시 먹어봐야 할 음식이다. 고급 고기로 알려진 '차돌박이'는 토로회(날고기)로도 먹을 수 있는데, 이들은 인공적으로 만들어진 것도 많다.

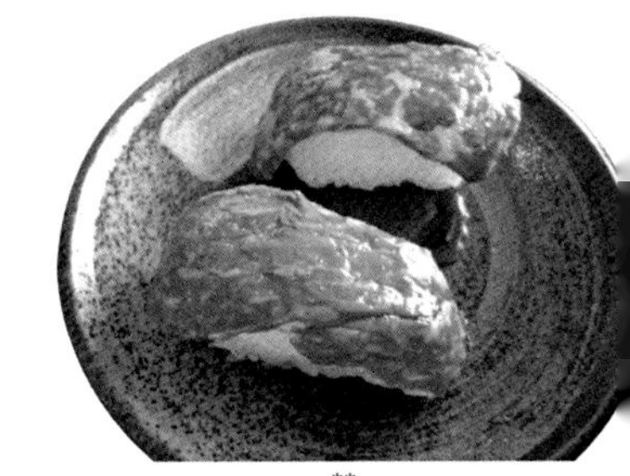

히다규(飛騨牛)**로 만든 토로회

### · 지방을 주입하고 모양을 만드는 차돌박이?

소에게 옥수수와 콩 등 비타민이 풍부한 영양가 있는 사료를 주는 것은 경비가 많이 든다. 그래서 생각한 방법이 우선 근육을 제거한 삼겹살·다리 살,

---

* 토로는 참치 뱃살 쪽의 지방이 많은 부분을 말한다. 이 부분은 지방이 풍부하여 입안에 들어가면 살살 녹는 부드러운 부위로서 초밥이나 횟감으로 많이 사용한다. 일본에서는 참다랑어에서 나온 것만을 토로라고 부른다.

** 히다규는 히다(飛騨) 지방의 소(牛)를 뜻한다. 마쓰자카규, 고베규와 함께 일본의 3대 와규(和牛)로 손꼽힌다.

우유를 짜낸 소(폐우)의 단단한 고기를 절단하여 고깃덩어리로 만든다. 그것에 인젝션(주사)이라고 불리는 공업 기계를 이용해 100개 정도의 바늘을 일제히 박아 중량의 20% 정도에 해당하는 유화된 소의 지방을 주입한다. 그리고 모양을 만들어 냉동고에서 발효하면 수분은 고기 안에 스며들고, 기름은 사시가 되어 남는다.

패밀리 레스토랑이나 호텔의 연회장 등에서 쓰이지만, 원료 표시에 대한 의무가 없으므로 주로 메뉴판에 표기하지 않는다.

### 진짜? 가짜? 어떻게 구분할까?

차돌박이는 진짜와 가짜를 구별하기 상당히 어려운데 너무 기름이 진한 것은 의심해봐야 한다.



### 식품 원재료(지방을 주입한 차돌박이)

소고기, 우지.

## 기름을 주입한 뒤 결합제로 모양을 만든 주사위 스테이크

스테이크는 얇게 썬 고기 등을 구운 요리이다. 대부분은 철판으로 만들어진 프라이팬 등을 이용해 굽지만, 철망을 사용하여 직화 구이를 하는 경우도 있다.

돼지고기·닭고기 등의 육류나 연어, 참

주사위 스테이크

치, 전복 등의 어패류 외에도 다양한 재료를 사용한다. 일본에서는 단순히 스테이크라고 하면 소고기로 만든 '비프스테이크'를 지칭하는 경우가 많다.

주사위 스테이크는 고기를 먹기 쉽게 주사위 모양으로 썰어 구운 것이다. 그러나 가격이 저렴하고 형태가 일정하지 않은 자투리 고기와 지방을 결합제로 뭉친 뒤 주사위 모양으로 만든 고기도 이와 같이 불린다.

### ▪ 일반 정육과 함께 판매

갈비나 안창살, 또는 사각형 모양의 고기가 주사위 스테이크의 명칭으로 일반 정육과 함께 판매되는데, 이것에 대한 외식 체인점 등에서의 허위 표시가 자주 문제된다.

인위적으로 만들어진 고기는 소매점의 주사위 스테이크, 편의점의 불고기 도시락, 슈퍼에서 파는 부드러운 가공육 등에 사용한다. 만드는 방법은 손질하고 남은 내장육이나 기름을 모아 만든 트리밍이라 불리는 고기에 우지 등을 섞어 전체 양의 약 3% 정도의 효소 결합제를 넣는다. 그것을 순간 동결시켜 결합한 뒤 잘라서 유통한다.



### ✋ 진짜? 가짜? 어떻게 구분할까?

지방이 많은 주사위 스테이크는 구우면 크기가 줄어들거나 너덜너덜해진다.

### ✋ 식품 원재료(자투리 고기와 지방을 결합한 주사위 스테이크)

소고기(호주산), 우지, 맥아당, 유청단백질농축물, 소금, 향신료, 트레할로오스, 조미료(아미노산, 무기염, 유기산), 소성 Ca, 원자재 일부에 달걀을 포함.

## 시간이 지나도 색이 변하지 않는 **햄버그스테이크**

기계로 갈아 만든 햄버그스테이크용 고기. 첨가물을 넣었기 때문에 색이 변하지 않는다.

햄버그스테이크는 돼지고기, 소고기 또는 기타 고기 등을 포함한 다진 고기에 소금, 잘게 썬 채소, 후추 등의 향신료를 넣고 빵가루를 섞어 반죽한 것을 원형 모양으로 만들어 구운 요리이다.

이것은 패밀리 레스토랑의 주력 상품이기도 하다. 또 칼과 포크를 사용하지 않아도 얼마든지 입으로 잘라 먹을 수 있어 패스트푸드점에서는 빵 사이에 끼워 햄버거로 만들어 판매한다. 젓가락으로도 쉽게 잘라 먹을 수 있으므로 일본에서는 일본식 양념과 함께 요리하기도 한다.

### · 콩 50%의 소고기 햄버그스테이크

가격이 저렴한 가게의 햄버그스테이크는 가장 싼 소고기와 트리밍 고기(내장, 팔, 그 외 다른 부위를 갈아서 만든 고기)에 돼지나 닭의 자투리 고기와 빵가루 대신 콩 단백질을 섞어 만드므로 부드럽고 가격도 저렴하다. 소고기 엑기스를 넣어 맛을 내면 콩이 50% 함유된 소고기 햄버그스테이크가 완성된다.

고기 중에서도 특히 다진 고기는 시간이 지나면 곧 색깔이 변하는데, 매장의 햄버그스테이크류는 시간이 지나도 붉은색이 선명하다. 소고기, 돼지고기, 그리고 다진 고기에는 색이 선명해 보이도록 니코틴산아마이드라는 첨가물을 사용하는 경우가 있다. 이 첨가물은 육류나 어패류에 사용하는 것이 금지되어 있지만, 몰래 양을 적게 넣어 사용하는 경우도 있다고 한다. 한편 다진 고기가 변색할 경우 케첩을 섞어 붉은색을 재생하는 방법도 있는데, 이것이 우리 몸에 가장 안전한 방법이다.



### 진짜? 가짜? 어떻게 구분할까?

너무 선명한 붉은색은 의심할 필요가 있다.

### 식품 원재료(콩이 50% 함유된 햄버거스테이크)

닭, 돼지고기, 소고기, 돼지 지방, 양파, 빵가루, 전분, 대두 단백질 분말, 식용 유지, 젤라틴, 알갱이로 된 대두 단백질, 소금, 토마토케첩, 치킨 엑기스 조미료, 설탕, 향미 조미료, 향신료, 양조주, 아미노산 등 조미료, pH조절제, 글리신, 인산염.



## 증량된 햄, 소시지

맛있는 햄과 소시지를 만들려면 신선한 양질의 돼지고기를 사용하는 것이 중요하다. 돼지고기는 밝은 광택이 나는 분홍색에 지방은 흰색을 띠고, 끈기가 있는 것이 좋다.

고기가 초록색이나 회갈색으로 변색했거나, 악취가 나는 것, 표면이 끈적거리고 지방이 비정상적으로 부드러운 돼지고기는 사용해서는 안 된다.

햄은 덩어리 고기를 사용하여 만들고 소시지는 5~8mm 정도로 다진 고기

ഇ 증량을 위해 넣은 수분이
표면에 흘러나온 소세지 ☙

를 사용한다. 그밖에 다양한 재료나 향신료, 조미료를 쉽게 첨가할 수 있어 자신만의 비법으로 여러 가지 맛과 풍미를 즐길 수 있다.

### · 증량을 위해 조미액을 주입

증량된 햄, 소시지는 원료인 돼지 등심에 젤 모양의 조미액을 바늘로 일제히 발사해 만든다. 이 조미액 속에는 수분이 흘러나오지 않도록 고기와 물을 결합하는 각종 단백질 가루가 어우러져 있다.

많은 양의 액체를 넣었기에 본래의 맛이 연해지므로 아미노산 등의 맛 조미료를 첨가한다. 1kg의 고기는 젤 모양 액체를 포함해 1.5kg이 되고 가열에 의해 수분이 증발하면 1.2kg의 햄이 된다. 이렇게 만들어진 증량 햄은 고급 햄보다 칼로리가 절반밖에 되지 않는다는 이점이 있다.

ഇ 로스 햄



### ✋ 진짜? 가짜? 어떻게 구분할까?

증량된 햄과 소시지는 압박을 가하면 수분이 흘러나온다.

### ✋ 식품 원재료(증량된 햄, 비엔나소시지)

닭, 돼지 지방, 돼지고기, 환원 물엿*, 소금, 대두 단백질, 흑설탕 용액, 향신료, 채소 추출물, 감자 섬유, 돼지 엑기스, 가공 전분, 아미노산 등 조미료, 발색제, 착색료.

---

* 일정한 반응 조건에서 다른 산화물은 환원시키고 자신은 산화되는 성질을 가진 물엿.

## 진짜를 찾아볼 수 없는 **치킨 너깃**

영어로 '천연 금덩어리'라는 뜻인 너깃은 먹기 편리해서 아이나 노인에게 인기가 있다. 치킨 너깃은 잘게 썬 닭고기에 양념을 넣고 다시 고기를 일정한 크기로 다져 모양을 만든다. 그 후에 열을 가하여 삶은 뒤, 튀김옷을 입혀 튀겨낸 것이다. 튀김은 모양을 만들거나 삶는 공정을 거치지 않는다는 점이 너깃과 다르다.

대형 패스트푸드점 등에서는 닭튀김에 돼지·말·양 등의 살가죽을 섞는다. 이렇게 다른 동물의 살가죽이나 고기가 들어간 경우도 있지만, 미국의 식품 표시에 대한 법률에서는 다른 동물의 살가죽이나 고기를 써서는 안 된다는 정도로만 규정하고 있다.

### · 닭고기 이외의 재료도 혼입



대형 패스트푸드점은 주원료로 하얀 생선살·붉은색 고기, 닭고기 등을 넣어 만든다. 그 외에 동물의 살가죽·소금·인산나트륨·밀가루·이스트·향신료·유청(우유, 탈지분유의 수용액)·덱스트린(호료)·화학조미료·착색료·식물성

슈퍼마켓 등에서 팔리는 치킨 너깃

쇼트닝 등도 첨가한다. 맛을 내기 위해 살가죽도 넣고, 치킨 너깃임에도 불구하고 돼지·말·양 등 살가죽에 붙은 살점도 섞는다. 이런 잡다한 혼합물 고기 외에도 여러 종류의 성분과 식품첨가물을 넣기 때문에 진짜 치킨 너깃은 존재하지 않는다고 할 수 있다.

### 진짜? 가짜? 어떻게 구분할까?

닭고기가 주재료인 본래의 치킨 너깃은 슈퍼마켓이나 패스트푸드점 등의 매장에는 없는 듯하다. 진짜 치킨 너깃을 먹고 싶다면 집이나 요리 교실에서 닭고기를 가득 넣은 치킨 너깃을 만들어야 할 것이다.

### 식품 원재료(영업용 너깃)

닭고기, 닭 껍질, 밀가루, 콘플라워, 소금, 전분, 달걀 흰자 분말, 식물성 기름, 향신료, 포도당, 단백질 가수분해물, 탈지분유, 달걀 분말, 튀김 기름(식물성 기름), 조미료(아미노산), 베이킹파우더, 가공 녹말, 훈연액, 산화방지제(비타민 E), 착색료(치자나무, 파프리카 색소), 원료 일부에 콩을 포함.



## 고급 프랑스산으로 둔갑한 **달팽이**

조리된 에스카르고

에스카르고(escargot)는 프랑스어로 달팽이를 의미한다. 일본에서는 보통 달팽이를 이용한 프랑스 요리를 의미하며 전채로 식탁에 제공한다.

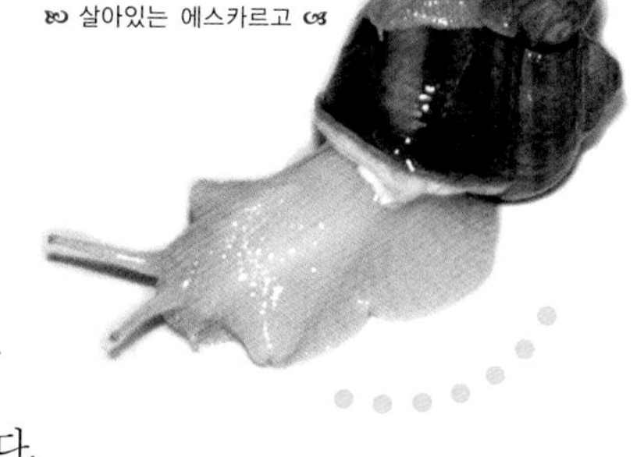

에스카르고는 식용 양식 달팽이와 같은 종류로, 제대로 위생 관리된 시설에서 자라므로 불에 익히기만 하면 먹을 수 있다. 하지만 일반 달팽이는 크기가 너무 작고 기생충이 있어 먹을 수 없다.

껍데기에서 몸통을 빼내어 내장을 제거한 후 불에 익히고, 파슬리와 다진 마늘을 넣은 에스카르고 버터를 바르는 것이 가장 일반적인 조리법이다(에스카르고 버터에는 다진 에샬롯을 섞는 경우도 많다).

음식을 접시에 담을 때, 한 번 껍데기에서 빼낸 몸통을 다시 집어넣어 장식하기도 한다. 그럴 때는 전용 집게로 껍데기를 집어 포크로 몸통을 빼 먹는다. 몸통만 따로 접시에 담을 때에는 다코야키 기계처럼 여러 곳이 둥글게 파여 있는 전용 접시를 이용하여 파인 부분 하나하나에 달팽이 몸통과 에스카르고 버터를 넣고 뜨거운 상태로 식탁에 제공하기도 한다.



### · 본고장 프랑스는 아프리카 달팽이를 사용하기도……

일본인은 프랑스 요리를 좋아하는데, 프랑스 식당에서 먹는 에스카르고 부르기뇽(부르고뉴식 달팽이 요리)에 프랑스산 달팽이를 쓰는 일은 드물다. 프랑스산 달팽이 대신에 인도네시아산, 태국산 건조 달팽이나 통조림을 사용하는 경우도 있다. 달팽이 통조림에는 달팽이의 몸통과 껍데기가 각각 한 세트로 되어 있다.

한편, 본고장인 프랑스에서조차, 아프리카산 달팽이를 사용하는데 과거 프랑스에서는 아프리카산을 프랑스산으로 표기하여 문제 된 적이 있다.

달팽이 중 최상품은 부르고뉴 종 포마티아지만, 프랑스에서는 남획으로 거의 멸종 상태이다. 또 성격이 매우 예민하여 양식하기 어렵고 프랑스에서도 완전 양식에는 성공하지 못했다. 그러나 일본에서는 세계 최초로 달팽이 양식에 성공하기도 했다.

### ▪ 맛있는 건강식품

한편, 달팽이는 칼슘, 콘드로이틴황산, 타우린이라는 주목할 만한 영양소를 많이 포함하고 있어 건강식품의 재료로도 사용된다. 중국 약초서의 고전 『본초강목』에는 소갈(당뇨병을 지칭), 단독(丹毒), 이뇨, 코피, 이명, 치질 등에 대한 달팽이의 효용이 적혀 있고, 일본의 민간요법으로는 동식물을 검게 구운 구로야키(黒焼)를 신장병에 이용하기도 했다.

달팽이 엑기스에는 100g당 550mg이라는 매우 많은 양의 칼슘이 함유되어 있다. 또 끈기의 주성분인 콘드로이틴황산은 신장염이나 간 질환, 동맥 경화 등을 치료하는 의약품의 성분으로 알려져 있다. 아미노산의 타우린은 고지혈증, 동맥 경화, 부정맥 등의 예방에 효과 있다.



### ✋ 진짜? 가짜? 어떻게 구분할까?

삶아서 먹을 경우, 진짜 프랑스산 달팽이가 식감이 뛰어나지만, 전문 요리사가 조리하면 구분할 수 없다고 한다. 진짜 천연 달팽이를 사용하면 레스토랑에서 저렴한 가격으로 내놓을 수는 없다.

### ✋ 식품 원재료(에스카르고 요리)

에스카르고 몸통, 버터, 파슬리, 마늘, 소금, 샬롯, 향신료, 산화 방지제(레몬산).

## 다시마, 마늘, 팥소 등으로 재현한 **송로버섯**(Truffle)

세계 3대 진미의 하나로 '검은 다이아'라고도 불리는 송로버섯*은 일반 버섯과 겉모습이 매우 다른데 갓, 주름살, 줄기가 없고, 비뚤어진 구상(球狀) 또는 괴상(塊狀)을 하고 있다.

표면은 흑색 · 적갈색 · 회백색 · 크림색 등 성숙 정도에 따라 다양한 색조를 띤다. 형태는 각뿔 모양의 작은 돌기가 밀생(密生)하여 울퉁불퉁한 모양과 약간 까칠까칠하고 평활한 모양 등이 있다. 프랑스산 검은 송로버섯과 이탈리아산 흰 송로버섯이 특히 귀하다.

진짜 송로버섯

송로버섯은 땅 위에서 자라는 버섯으로 프랑스 요리에 빠질 수 없는 음식재료로 유명하다. 그 송로버섯의 맛을 다시마, 마늘 등 수십 종류의 재료로 재현한 것이 인공 송로버섯이다.

### · 팥소가 식감의 관건

인공 송로버섯은 재료에서 엑기스를 추출하여 분말로 만들어 반죽하여

* 세계 3대 음식재료 중 하나인 송로버섯은 한국의 산삼과 비교할 정도로 그 맛과 진귀함이 뛰어나며 프랑스의 3대 진미(珍味)를 꼽을 때도 푸아그라나 달팽이 요리에 앞설 정도로 귀한 대접을 받는다. 송로버섯은 강하면서도 독특한 향을 가지고 있어 소량만으로도 음식 전체의 맛을 좌우한다. 땅 속에서 자라나기 때문에 채취하기도 어려워 유럽에서는 '땅 속의 다이아몬드'라고 불리기도 한다.

ഈ 송로버섯 파스타 ര

만드는데 점성을 향상시키는 '팥소'가 이 맛을 결정한다. 팥소라고 해도, 인절미나 도라야키*에 쓰이는 달콤한 '팥소'가 아니라 당분을 넣지 않은 체에 거른 팥소를 샐러드유와 함께 넣는다. 엑기스를 조합한 분말에 팥소를 넣고, 송로버섯 모양으로 만들어 공기를 빼고 숙성시키면 완성된다.

인공 송로버섯은 맛과 생김새가 진짜 송로버섯과 비슷한 데다 가격은 3분의 1도 안 된다. 그런 점에서 송로버섯의 본고장인 프랑스에서도 주목을 받았다.

그러나 최근에는 진짜 송로버섯을 인공적으로 대량 재배하는 기술이 개발됐으며 어디까지 가격이 내려가느냐에 주목하고 있다.

ഈ 인공 송로버섯 ര

## ✋ 진짜? 가짜? 어떻게 구분할까?

일본인 중에는 진짜 송로버섯의 맛을 모르는 사람도 많으므로 구분하기 어렵다.

## ✋ 식품 원재료(인공 송로버섯)

체에 거른 팥소. 다시마, 마늘, 샐러드유.

---

* 밀가루 반죽 속에 팥소를 넣어 굽거나 찐 만주, 달걀을 섞은 밀가루 반죽에 팥을 넣고 철판에 구운 화과자를 말한다.

## 마이크로캡슐 제조 기술을 응용하여 만든 이크라(Ikra)

이크라 군함마키

이크라란 연어의 난소인 연어 알 주머니에서 알을 둘러 싸고 있는 얇은 막을 제거한 뒤 산란 전 숙성된 알을 한 개씩 분리한 것으로 '장미의 자식(バラの子)'이라고도 불린다.

오래전부터 비싼 음식재료로서 일본 음식에 애용되었으며 특히 지방이 많은 가을 연어에서 채취한 신선한 알이 최상품으로 알려졌다.

이크라의 어원은 러시아어로 '생선 알', '작고 알맹이가 많은 것'이라는 뜻이다. 다만 러시아에서는 연어뿐만 아니라 캐비아와 대구 알 등 생선 알이라면 모두 이크라라고 부른다. 일본에서는 연어의 알을 분해한 것만을 가리킨다.

이크라를 이용한 요리로는 이크라 김초밥, 이크라 덮밥 등이 유명하고 염장을 하거나 간장 소스에 담근 간장 절임도 유통되고 있다. 일반적으로는 가열 가공은 하지 않고 소금이나 간장에 절여서 먹는다.

근접 촬영한 이크라

· 일본 수출용으로 가공

세계에서 이크라를 날것 그대로 먹는 지역은 한정되어 있다. 일본에 연어 제조법을 전수해준 러시아에서도, 이크라가 일본만큼 일상 음식으로 자리 잡지는 않았다.

현재 이크라를 식용으로 쓰지 않는 지역에서는 수확된 이크라의 대부분을 일본 수출용으로 가공하고 있지만, 예전에는 폐기했다.



예를 들면, 자원을 낭비하지 않는다는 이누이트족이 있다. 이들은 연어를 식용으로 사용하지 않으므로 연어를 잡은 그 자리에서 이크라는 내장과 함께 버린다.

미국, 캐나다에서는 설탕에 절인 병조림이 낚시용 미끼로 팔리고 있다. 내장류나 뼈와 함께 가축의 사료를 만드는 재료로 쓰기도 한다.

최근에는 서양에서도 일본 음식 열풍이 불어 초밥 재료로서 연어가 잘 알려졌다. 또 일반적이지는 않지만, 가끔 슈퍼마켓 등에서도 저장성이 좋은 팩에 든 이크라를 판매하기도 한다.

· 카피 식품의 걸작

인조 이크라는 한 화학 업체가 접착제를 넣어 마이크로캡슐을 만들 때, 우연히 많은 알갱이가 생긴 것을 보고 이크라와 비슷하다고 생각하여 그 기술을 그대로 식품에 응용해 탄생한 것이다. 이 인조 이크라의 성과는 카피 식품계의 걸작이라 할 정도이다. 오렌지색 알 속의 비뚤어진 눈알 모양도 입안에서 춤을 추는 듯한 감촉도 모두 첨단 공업 기술의 산물이다.

인조 이크라는 해조에서 추출한 알긴산 나트륨 수용액이나 카라기난(carrageenan)에 조미액, 식용유를 넣고 착색한다. 그 뒤 염화칼슘수용액에 빠뜨려 표면을 젤처럼 만든 뒤 캡슐로 만들어, 진짜와 같은 식감을 연출했다. 처음에는 표면이 딱딱하다는 반응이었지만, 그 후에 기술을 개량하여 진짜와 비교해도 손색없는 식감을 완성했다. 진짜보다 훨씬 저렴한 가격으로 만들 수 있어 진짜와 섞어서 사용하는 경우도 많다.

### ✋ 진짜? 가짜? 어떻게 구분할까?

인조 이크라는 점성이 있는 물을 뿌리면 단백질이 변화하여 색이 혼탁해지므로 명확히 알 수 있다. 초밥집에서 뜨거운 녹차를 부으면 알 수 있다.



### ✋ 식품 원재료(카피한 이크라)

분말 물엿, 소금, 간장, 발효 조미료, 사과 식초, 그라뉴당(정제 설탕), 어패류 추출물, 단백질 가수분해물, 다시마 엑기스, 소르비톨, 조미료(아미노산 등), 산화방지제, 착색료, 발색제, 원자재 일부에 이크라를 포함.

인조 이크라는 따뜻한 물을 부으면 왼쪽처럼 하얗게 변한다.

## 청어 이외의 생선 알로 만든 **청어 알**(가즈노코)

가즈노코(カズノコ)라는 말은 원래 '가도노코(かどの子, 집안의 아이)'의 사투리로 근세에 청어를 '가도(가도이와시)'라고 불렀던 흔적이 남아있다.

청어 알은 암컷의 배에서 꺼낸 알을 덩어리째로 햇볕에 말리거나 염장한 것을 식용으로 사용한다. 청어 알 하나하나는 작지만, 무수한 알이 서로 결합하여 전체 길이 10cm, 폭 2cm 전후의 긴 덩어리로 되어 있다. 청어 알은 가격이 비싸고 황금빛을 띠고 있어서 '노란 다이아'라는 별명이 붙었다.

인접 아시아 국가들 및 청어의 어획량이 많은 북미, 러시아, 유럽 등 일본 이외의 지역에서는 청어 알을 식용으로 사용하는 것이 일반적이지 않아서 일본에 수출하기 전에는 청어 알을 폐기했다.



일본의 시장에서 유통하는 것은 염장한 청어 알과 양념하여 맛을 낸 청어 알로 분류하는데 일반적으로는 염장한 것이 고급으로 알려져 있다. 염장한 청어 알은 보통 그대로 먹지 않고 담수에 담가 소금기를 없애고 먹는다.

한편 청어가 다시마에 알을 낳은 것을 고모치콘부(子持昆布)라고 부르는데, 아주 별미이다. 보통 그대로 먹거나, 초밥 재료로 이용한다.

### · 카페린(Capelin) 알로 만든 청어 알

본래 가짜 청어 알은 카페린 알로 만든다. 카페린은 열빙어와 외관 · 식감이 비슷한 가라후토 시사모라고 불리며, 캐나다 · 노르웨이 · 아이슬란드에서 수입하는데 청어와는 다른 종류의 생선이다.

가짜 청어 알을 만드는 방법은 일단 카페린 알을 각각의 알맹이로 나눠질 때까지 풀어 준다. 그 후 알을 착색료로 노랗게 물들여 색을 선명하게 한다. 그리고 결합제, 보존료 · 조미료 · 향료 · 기타 식품첨가물을 대량으로 섞어 점성이 있는 걸쭉한 액체 상태로 만든다. 액체를 청어 알 모양의 틀에 넣어 압축시킨 다음 굳혀 소금에 절이면 완성된다.

∞ 청어와 청어 알 ∞

틀에 넣어 만들었기 때문에 모든 알이 똑같은 모양을 하고 있지만, 최근에는 편법을 들키지 않기 위해 같은 중량이면서도 조금씩 모양이 다르게 청어 알을 만들고 있다.

한편 진짜 청어 알이라고 해도 대부분 탈색 과정을 거친다. 본래는 갈색빛이 돌고, 그것이 자연 그대로의 상태로 제일 맛있지만, 외관상 좋지 않으므로 불필요한 탈색이나 착색을 한다.

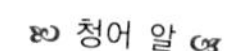

∞ 청어 알 ∞

그 밖에 청어 알을 대체하는 것으로 킹살먼(King Salmon) 및 은색 연어(silver salmon) 알이 있다. 이 알을 탈색한 뒤 다시 노랗게 착색하고, 특수 가공하면 가짜 청어 알이 완성된다.

청어 알에는 콜레스테롤을 저하시키는 EPA(오메가 3 지방산)가 함유되어 있어 생쥐를 대상으로 실험한 결과 콜레스테롤 수치가 감소했다는 연구 결과도 나왔다. 한편 통풍의 원인인 푸린체도 극소수 함유되어 있다.

### 진짜? 가짜? 어떻게 구분할까?

전혀 탈색하지 않은 청어 알은 극히 적어 비교하기도 어렵지만, 가짜는 색깔이 깨끗한 황색을 띠고 부드럽게 씹히는 맛은 거의 없다고 한다.

### 식품 원재료(카페린 알로 만든 청어 알)

카페린 알, 설탕, 미림, 간장, 다시마, 소금, 고추, 소르비톨, 결합제, 보존료(소브산 K), 조미료(아미노산 등), 향료, 주정, pH조정제, 증점다당류.



## 상어 알, 대구 알을 바탕으로 만든 **가라스미**

일본에서 가라스미(カラスミ)는 숭어를 이용해 만드는 나가사키(長崎) 현 가라스미*가 유명하다. 가가와(香川) 현에서는 삼치 혹은 고등어를 이용한다.

아즈치모모야마 시대(安土桃山時代)에 가라스미가 중국 명나라에서 나가사키로 전해 내려온 당시에는 삼치 알로 제조했다고 한다.

ꕤ 가라스미 ꕤ

* 숭어의 난소를 염장하여 건조시킨 것.

일본 이외에도 대만과 이탈리아의 사르데냐 섬, 스페인, 이집트에서도 가라스미가 만들어진다. 유럽에서는 숭어가 아닌 다른 어류의 난소로, 대만에서는 흑갈치꼬치(Escolar)를 사용하기도 한다.

히젠(肥前) 국의 가라스미는 에치젠(越前) 국의 성게, 미카와(三河) 국의 고노와타(コノワタ)와 함께 일본 3대 진미로 유명하다. 짜고 끈적끈적한 치즈와 비슷한 맛으로 고급술 안주로서 귀하게 여겨진다.

가라스미의 기본적인 제조법은 소금 절임과 햇볕에 건조하는 방법 등 가게마다 각각 만드는 비결이 다른데 소주를 표면에 발라 만드는 곳도 있다.

#### · 돼지 껍질이 들어간 가라스미

본래는 숭어의 난소로 만들지만, 상어 알, 대구 알로 만들어진 것도 많고 돼지 껍질이 들어간 가짜 가라스미도 나돌고 있다. 가짜를 만드는 기술은 놀랄 만큼 교묘하므로 구입 시에는 상당히 조심해서 골라야 한다. 가능하면 가라스미 전문점에서 품질이 보장된 것을 구입하는 것이 가장 좋다.

숭어의 좌우 난소 크기가 다른 경우에는 다른 숭어에서 비슷한 크기의 난소를 잘라낸다. 그것을 처음부터 하나였던 것처럼 꾸며 진공 팩에 포장하는데, 진공 팩을 열면 가라스미가 분해되거나 반으로 갈라진다.

돼지 껍질에 숭어 알을 채워 색을 물들인 가라스미는 난소의 혈관까지 실물과 똑같이 모방하여 만들었다. 그러나 이렇게 처리하면 나중에는 생선 비린내가 심해져 식감도 좋지 않고 쓴맛이 강해진다.

#### · 특급품에는 '육두(肉頭)'가 없다

또 가라스미의 실로 묶여 있는 부분을 잘 보면 위쪽에 생선 살점이 붙어 있

바지락과 가라스미를 넣은 파스타

을 때가 있다. 이것이 '육두'라고 불리는 것으로 맛에는 영향을 주지 않지만, 가라스미 본래의 무게를 좌우하므로, 엄선된 재료만을 사용하여 무게를 속이지 않는 특급 가라스미에는 보통 이런 고기는 붙어있지 않는다.



경험이 풍부한 베테랑이 만든 특급 가라스미는 훌륭한 맛의 변화를 즐길 수 있다. 입에 넣는 순간, 생선의 담백한 맛이 퍼지고, 씹는 동안에는 가라스미 특유의 맛이 나온다.

가라스미를 먹는 방법은 그대로 둥글게 잘라 먹는 것이 대표적으로, 얇게 쪼개어 오르되브르*에 제공하거나 가라스미를 갈아 만든 즙을 식초와 섞어 가라스미 식초를 만들기도 한다. 불에 살짝 구워 익혀 먹어도 좋다.

최근에는 가라스미를 파스타에 넣어 먹기도 하며 피자, 페페론치, 오차즈케와 함께 먹어도 맛있다.

* 서양 요리에서 식욕을 돋우기 위하여 식사 전에 나오는 간단한 요리. 또는 술안주로 먹는 간단한 요리.

### 진짜? 가짜? 어떻게 구분할까?

전통적으로 가라스미의 품질을 대충 색과 모양으로 판단해 왔지만, 진짜와 가짜를 외관상으로 판단하기는 매우 어렵다.

### 식품 원재료(가라스미)

생선 알, 술, 리큐어(liqueur), 소금, 쌀 발효 조미료, 조미료(아미노산 등).

## 철갑상어 이외의 생선 알을 검게 착색한 캐비아(Caviar)

세계 3대 진미 중 하나로 여겨지는 캐비아는 철갑상어의 알이다. 유럽 여러 나라에서는 캐비아를 생선 알의 총칭으로 부르기도 한다. 반대로 러시아에서는 생선 알 전체를 이크라라고 부르고, 캐비아는 '검은 이크라', 즉 '검은 생선 알'이라고 부른다.

검은색 알을 가진 어류는 철갑상어뿐이라 하며, 진짜 캐비아는 현재 전 세계의 90%가 카스피 해 연안 지역에서 생산된다.

카스피 해에 사는 철갑상어는 종류에 따라 알의 입자 크기와 브랜드 가치가 다르다. 그 순위는 벨루가(Beluga, 특대 철갑상어), 오세트라(Osetra, 러시아 철갑상어, 시베리아 철갑상어), 세브루가(Sevruga, 스텔렛 철갑상어) 캐비아 순이다. 최근에는 철갑상어 어획량이 격감하고 있어 캐비아의 가격이 세계적으로 급등하고 있다.

### ▪ 인기를 누리는 인공 캐비아

인공 캐비아는 럼프피시(도치과의 대형종)의 알, 아브루가(청어)의 알, 날치알과 같은 다른 종류의 생선 알을 그럴듯하게 보이기 위해 합성 착색료로 검게 착색하고, 간장, 화학조미료 등의 첨가물을 넣어 만든다. 또, 인조 이크라와 같은 방법으로 알긴산으로 제조한 것도 존재하며 이것은 인공 캐비아로 일부 시장에 유통하고 있다.

현재는 럼프피시 알로 만든 것은 '럼프피시 캐비아'라고 명확히 그 상품명으로 판매하고 있는데 카피 식품으로 알려져 있지만, 인기가 있다.

일본의 식품위생법에서는 캐비아의 식품첨가물(보존료)로서 벤조산을 첨가하는 것을 허용한다. 사용 기준은 2.5g/kg 이하이며, 벤조산의 사용 기준이 다른 식품보다 높다. 다만, 벤조산의 하루 섭취 허용량은 0~5mg/kg/day이므로 대량의 캐비아를 매일 먹는 것과 같은 식생활을 하지 않는 한 인체에 해가 없다.



### ▪ 활발한 캐비아 양식

일본에서도 철갑상어 양식을 시도하고 있고 성과를 거두고 있지만, 그 주된 종은 '베스텔(벨루가와 스탈렛을 교배시켜 얻은 종)'이라고 불리는 잡종으로 캐비아로서의 가치는 낮다. 이 종은 다른 나라에서는 양식하지 않는다.

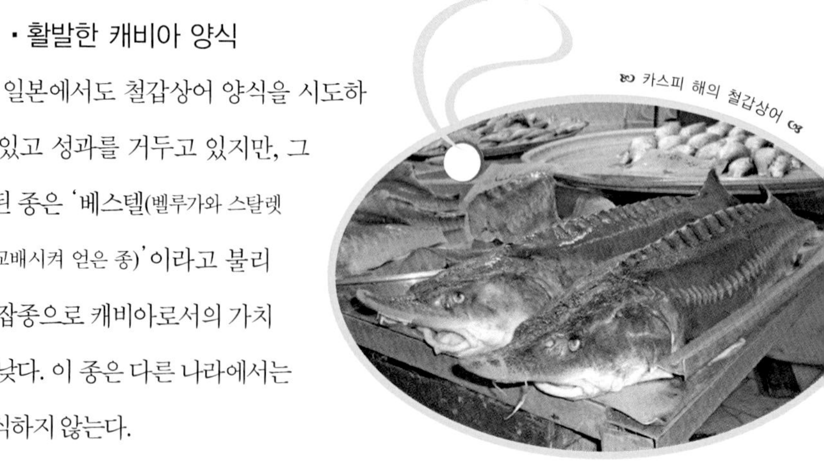

카스피 해의 철갑상어

세계적으로 캐비아의 수요와 공급에 큰 차이가 생기면서 선진국을 중심으로 1990년대부터 대규모 캐비아 양식을 시작했다. 일본에서도 양식에 의한 캐비아 생산이 이루어지고 있다. 가마이시(釜石) 시 등이 출자하고 있는 제3 섹터의 '선 록'(이와테 현 가마이시 시)이 일본 최초로 상품화에 성공했다. 그 뒤 생산은 가마이시 캐비아사(釜石キャビア社)에 인계되었다. 이 회사의 양식 철갑상어 중에는 아무르 철갑상어, 흰 철갑상어가 많고 베스텔은 적다. 그러나 2011년 3월 11일 동일본 대지진으로 인한 해일 피해로 양식장이 큰 타격을 받아 가마이시 캐비아사는 해산했고 생산 재개는 힘들 것으로 보인다.

### 진짜? 가짜? 어떻게 구분할까?

인공적으로 착색한 캐비아를 먹으면 혀에 검은색이 선명하게 남는다. 또, 카나페 등에 사용하면 빵이 검은색으로 물들어 바로 진짜와 구분할 수 있다.

### 식품 원재료(인공 캐비아)

생선 알, 소금, 간장, 조미료(아미노산 등), 산화 방지제, 착색료, 발색제.

## 돼지의 젤라틴을 주원료로 만든 **샥스핀**

샥스핀은 고래상어, 돌묵상어의 지느러미가 가장 고급으로 알려졌으며 푸른 상어, 뱀상어 등도 고급이다. 일반적으로는 청상아리의 지느러미가 사용된다.

샥스핀에서 최고급품이라고 알려진 것은 '텐가우치(天九翅)'로 고래상어와 돌묵상어의 등지느러미만 텐가우치가 될 수 있다. 지느러미의 섬유가 하나하나 매우 굵고, 모양도 정말 최고급이다.

상어의 남획으로 샥스핀의 공급 부족, 중국에서의 샥스핀 수요 증가 등으로 천연 샥스핀의 가격이 급등하고 있으며, 인공 샥스핀의 수요가 일본과 본고장인 중국에서도 높아지고 있다.



인공 샥스핀은 돼지 젤라틴과 알긴산 나트륨 등으로 만드는데 먹어도 인체에 해가 없다고 한다. 진짜 샥스핀도 대부분이 젤라틴으로 이루어져 있어 상당한 미식가가 아닌 이상 가짜라고 느끼지 못한다. 외관과 식감이 진짜와 매우 흡사하여, 중화요리의 본고장인 대만과 홍콩에도 유통되고 있다.

### · 진짜의 10분의 1 가격

일본에서 수백 엔 정도의 염가로 판매하는 '샥스핀'은 가오리의 지느러미를 사용하거나 당면, 두부껍질을 사용한 '인공 샥스핀'이다. 진짜 중국음식 전문점이라고 주장하는 곳에서 판매하는 '스가타니(姿煮)'*에도 인공 샥스핀이

* 생선 등의 모양을 흐트러뜨리지 않고 본래 모양 그대로 조리한 것으로 회나 구이 등에 이용한다.

사용되기도 한다. 이렇듯 일본에서는 돼지 젤라틴 등을 원료로 만든, 진짜의 맛과 식감이 아주 비슷한 인공 샥스핀의 제조 판매가 이루어지고 있다.

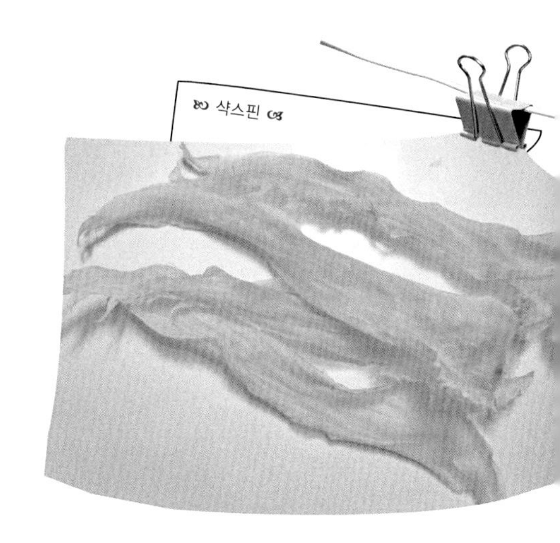


우쓰노미야(宇都宮) 시에 위치한 유바(두부껍질) 제조 회사는 원래 건조된 샥스핀을 원상태로 되돌리는 일을 하고 있었다. 그 경험을 살려 돼지의 젤라틴을 주원료로 '인공 샥스핀'을 개발했고, 냉동 제품으로 만들어 영업용으로 판매하고 있다.

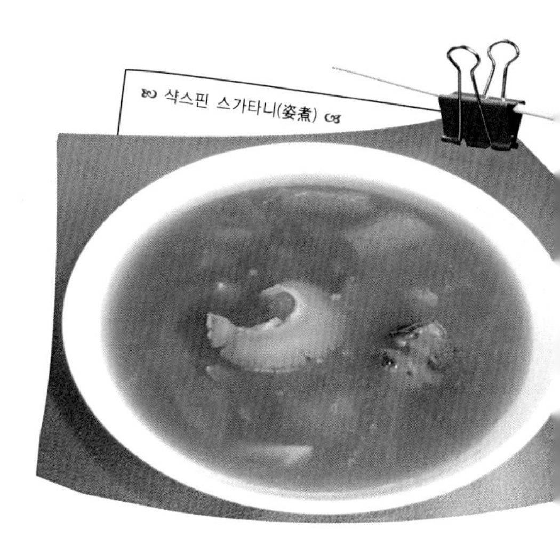


가격은 일본에서 구입할 수 있는 상어 지느러미의 10분의 1 정도로 매우 저렴하고, 일본의 저렴한 '샥스핀이 들어간 식품' 중에는 인공 샥스핀을 사용하기도 한다. 또 젤라틴과 합성호료, 강화제로 만든 영업용 샥스핀도 본고장인 중국에 수출하고 있다고 한다.

### · 시간이 걸리는 샥스핀 요리

유통량이 많은 '청상아리' 지느러미의 경우, 열량은 352kcal, 단백질 83.4g, 칼슘 65mg(일본 식품 성분표 기준)으로 먹을 수 있는 부분 100g당 영양가가 높다.

샥스핀을 요리에 사용하려면 우선 암모니아 냄새가 강하므로 무미, 무취의 상태로 만든다. 제일 맛있는 겐히레(原鰭)라고 불리는 상태에서 되돌릴 경우 요리에 쓸 수 있을 때까지 일주일은 걸린다.

물에 사오싱주(紹興酒)와 향미 채소(파, 생강), 샥스핀을 넣고 불에 얹어 끓기 직전에 멈춘다. 그대로 식혀 껍질을 벗긴다. 새로운 물에 사오싱주와 향미 채소에 넣고 다시 가열한다. 식으면 흐르는 물에 헹궈 등뼈와 얇은 막을 제거해 나간다. 이 과정을 부드러워질 때까지 계속 반복한다.

### ✋ 진짜? 가짜? 어떻게 구분할까?

가짜는 냄새가 나지 않고 강하게 잡아당기면 끊어지지만, 진짜는 약간의 암모니아 냄새가 나고 탄력이 뛰어나서 잘 끊어지지 않는다. 일본에서 원재료 표시를 보면 가짜는 '알긴산 나트륨' 등이 적혀 있어 바로 알 수 있다.



### ✋ 식품 원재료(젤라틴으로 만든 샥스핀)

젤라틴, 설탕, 상어 추출물, 겔화제(알긴산 나트륨), 착색료(캐러멜, 치자나무).

## 일부러 팽창시킨 **제비집**

고급 음식재료로 여겨지는 금사연 둥지는 예로부터 미용과 건강에 좋다고 알려져 있는 한방 재료이며, 독특한 젤리 모양의 식감이 특징이다. 금사연 둥지에는 단백질과 다당류가 결합된 점액이 주성분인 무틴(mutin)과 함께, 당질의 한 종류인 시알산이 많이 함유되어 있다.

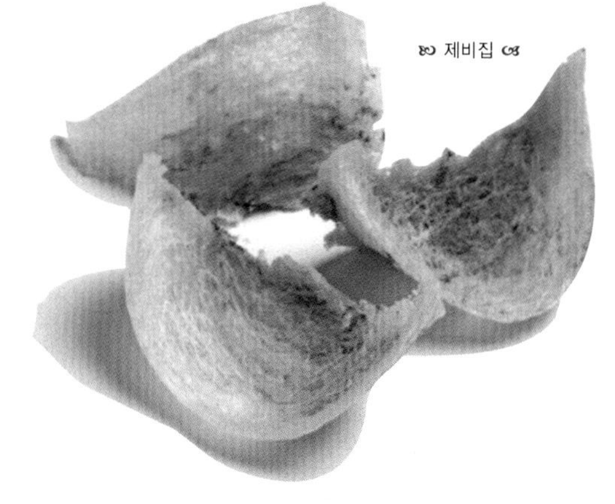

동남아시아 연안에 서식하는 금사연은 해안 근처 절벽에 둥지를 짓는다. 무인도로 알려진 태국 피피 · 레이 섬은 제비집 동굴이 있어 제비집을 채취할 수 있다.

제비는 깃털 등을 이용해 둥지를 만드는데 재료를 비교적 많이 포함한 둥지부터, 거의 재료가 섞이지 않은 것까지 다양하다. 둥지에 섞인 재료가 적고 틈새가 없는 것일수록 희소가치가 있고 가격이 비싸다. 조리할 때에는 따뜻한 물에 부드럽게 담가 핀셋 등으로 깃털을 제거한다.

한편 둥지 외관이 가격에 영향을 미치기도 하는데 건조한 제비집 표면에 접착제를 붙여 외관을 갖추는 등의 수법도 널리 이루어지고 있다. 여기에는 해조류, 돈피, 라드, 식물 수지 등을 접착제로 사용한다. 그중에는 안정제를 사용하여 제비집 크기를 몇십 배로 늘리는 업체도 있다.

제비집의 흰색을 강조하기 위해 약품으로 표백한 제비집은 독특한 향이 없거나 맛이 연하다.

### · 흰목이로 만든 제비집 국물

시장에는 흰목이를 이용한 제비집 국물 제품도 있다. 흰목이로 만드는 것은 진짜 제비집을 생산하는 과정보다 훨씬 간단하다. 생산자는 흰목이를 잘게 쪼개서 어떤 첨가물도 사용하지 않고 가공할 수 있기 때문이다. 소비자는 진짜 제비집 국물과 흰목이로 만든 제비집 국물을 구분하기 어렵다.

진짜 제비집 국물은 살짝 단맛이 난다. 제비집 국물 가공에는 첨가물과 표백제를 사용하지 않으므로 국물이 투명하고 가벼운 노란색을 띤다.

표백제와 첨가물, 김으로 만든 가짜 제비집 국물은 작은 알과 흰색 또는 백황색을 띠는 것을 육안으로도 발견할 수 있다. 이 제품을 분석하면 진짜 제비집 국물에 들어있는 단백질과 매우 다르다는 것을 알 수 있다.

### ✋ 진짜? 가짜? 어떻게 구분할까?

진짜 제비집 국물은 언제나 희고 투명한 색깔이다. 제비집 국물이 든 병을 가볍게 흔들면 혼탁해지지 않으며 제비집이 흩트러지지 않는다.

### ✋ 식품 원재료(제비집 가공식품)

제비집, 과당, 엘라스틴 당화 액, 지관 추출물, 샤스핀 추출물, 덱스트린, 연꽃 배아 추출물, 구기자 추출물, 대추 추출물, 향료, 비타민 C, 히알루론산, 겔화제(증점다당류), 산미료, 감미료(수크랄로스).



## 흰 연어를 선홍색으로 만든 **홍연어**

기름기가 오른 붉은 계열의 연어는 우리의 식욕을 돋운다. 그러나 시장에서 판매하는 붉은 연어는 착색된 양식 연어가 많다.

천연 연어는 원래 흰색이지만, 갑각류를 먹으면서 붉게 변한다. 도미도 갑각류를 먹으면 껍질만은 붉어진다. 하지만 대량 사육하는 양식 연어는 게 등의 갑각류가 비싸서 사료로 먹일 수 없다. 그래서 고형 사료에 인공 착색제(칸타크산틴 등)를 섞는데 칸타크산틴은 석유에서 나온 합성 화학 물질이다. 이런 방법으로 연어의 색은 양식업자에게 부탁하면 원하는 붉은 상태로 만들 수 있

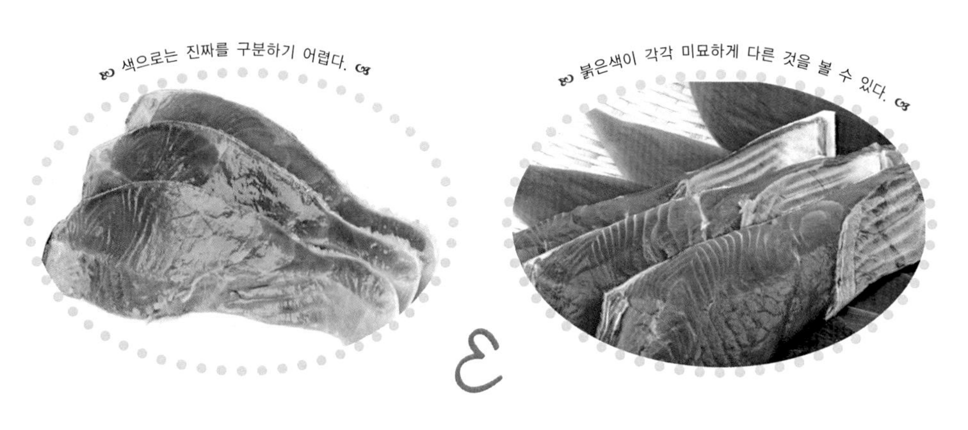


으며 양식 도미도 마찬가지라고 한다.

한편 연어에게 좁은 양식장에는 병원체도 많고 수질 오염도 확인되고 있어 위생적인 문제도 나타나고 있다.

코넬 대학이나 일리노이 대학, 인디애나 대학 등의 연구에서는 다양한 산지의 양식 연어와 천연 연어의 독성 수준(PCB 등의 다이옥신이나 염소계 살충제 등)과 오메가-3 지방산(오메가ω-3 지방산)의 함유량을 측정해 위험성 편익 분석을 했다. 논문은「Journal of Nutrition」지에 게재되어 있다.

그 결과, 양식 연어에는 천연 연어보다 오메가-3 지방산의 양이 많지만, 오염 물질의 양은 10배 정도 높아 그 편익을 넘어서는 것으로 나타났다. 연구자들은 "소비자의 연어 섭취를 스코틀랜드나 노르웨이, 캐나다 동쪽 산 양식 연어는 1년에 3회(3식) 이하, 메인 주, 워싱턴 주 및 캐나다 서해안의 양식 연어는 일 년에 3~6회, 칠레산 양식 연어는 일 년에 6회 정도까지로 제한해야 한다"고 주장한다. 한편 천연 백연어(일본에서 일반적으로 '연어'라고 불리는 종)는 주 1회 , 홍연어 · 은연어는 월 2회 정도, 킹살먼은 월 1회 정도 섭취하는 것이 안전하다고 조언했다.

· 알래스카 연어는 천연

양식 연어를 쉽게 판별하는 방법으로 '아틀랜틱 연어(대서양 연어)'로 팔리고 있는 것은 다 양식이라고 생각해도 무방하다. 야생 개체 감소에 따라 대서양에서의 연어 낚시는 현재 상업적으로는 하지 않으므로 거의 시장에 유통되지 않는다. 따라서 천연 대서양 연어를 먹으려면 연어를 잡는 시기에 캐나다 동부 등으로 낚시하러 가야 할 것이다.

그에 반해 '알래스카 연어'로 팔리는 것은 모두 천연이다. 알래스카에서는 연어 양식이 금지돼 있어 양식 연어가 '알래스카 산'으로 팔리고 있다면 그것은 산지를 위장한 것이다.

일본에서는 해산물이 양식인 경우에는 '양식'이라고 표시하는 것이 의무화되어 있다. 가공식품은 표시 의무 대상에서 제외되지만, 천연이라면 소매점에서는 소비자에게 어필하기 위해서라도 반드시 표시하기에 '천연'이라고 쓰여 있으면 천연, 쓰여 있지 않으면 양식이라고 생각해도 무방하다.



### ✋ 진짜? 가짜? 어떻게 구분할까?

착색된 연어는 빛에 비추자마자 붉은빛이 선명하게 보인다. 반대로 천연 연어는 빛에 비추어 보면 퇴색해 보인다.

### ✋ 식품 원재료(양식 연어)

연어를 양식할 때 사용한 사료에 대한 표시 의무는 없다.

## 탈색·착색의 과정을 거쳐 만든 선홍색 **참치**

사방이 바다로 둘러싸인 일본은 해산물의 보고이다. 그런데 최근 인접국과의 영해를 둘러싼 움직임과 어족 자원의 부족으로 해산물을 수입에 의존하는 경우가 눈에 띄고 있다. 한 가지 예로 일본산 참치는 이제 귀한 음식이 되었다. 특히 가까운 바다에서 잡는 흑다랑어의 어획량이 줄어 초밥집에서 흑다랑어 토로를 먹으려면, 수천 엔이 필요하다.

일본산 천연 참치가 없는 것은 아니지만, 최근에는 양식 참치가 많아졌다. 그것도 호주와 이탈리아 등에서 수입한 것들이다. 이처럼 생선마저도 수입하는 것이 일본의 절망적인 현실이 되어 버렸다.

### · 고급 참치로 변신

일본인이 좋아하는 참치는 원래 붉은색이라고 대다수 사람들이 생각하겠지만, 그렇지도 않다. 낚아 올렸을 때의 처리가 좋지 않으면 검은 반점이 있는

ꕤ 어부들이 잡은 참치 ꕤ

혈전 참치가 되어 버린다. 원인은 불명확하지만, 자연발생적으로 살이 검은 참치도 있다. 당연히 이런 참치는 싸고, 그것을 염가로 매입하는 업자도 있다. 그 후 혈전 참치는 블록 형태로 썰어 손질한 뒤 착색제, 착색 작용이 있는 산화 방지제로 처리함으로써 참치 살은 선명한 붉은색으로 변하고 혈전은 눈에 띄지 않는다.

살이 검은 참치는 블록 형태로 썰어 손질한 뒤 탈색제가 들어간 수조에 넣고, 검은 살을 흰색으로 만든다. 한 번 더 착색제가 들어간 수조에 넣으면 붉은색 참치가 된다. 또 주낙 어업으로 죽어 버린 참치도 붉게 물들여 고급 참치로 시장에 내놓는다.



### 진짜? 가짜? 어떻게 구분할까?

붉은색 윤기가 흐르는 참치는 색이 선명할수록 착색했을 가능성이 높다.

### 식품 원재료(착색한 연어)

참치, 식물성 기름, 어유(魚油), pH조정제, 글루탐산, 산화 방지제, 착색료, 발색제.

## 참치의 자투리 살과 토로 조미액으로 만든 네기토로

네기토로는 초밥 재료의 하나이다. 기름을 많이 포함한 페이스트 형태로 만든 참치에 작게 썬 파를 곁들인 것이 일반적이다. 이것은 군함마키 외에 호소마키나 김말이 초밥(네기토로마키), 덮밥(네기토로 덮밥)의 재료로도 쓰인다. 원래 대형 초밥 가게에서는 숨겨진 메뉴로 제공되고 있었다.

진짜 네기토로는 참치 뼈 틈에 있는 살코기·중간 뼈와 껍질에 붙어 있는 기름, 힘줄이 많은 부위나 껍질 뒤에 붙은 토로(トロ) 살을 칼로 얇게 벗겨 낸 것과 파를 넣고 만들어서 비싸다. 그 재료가 되는 중간 뼈나 토로 살은 참치를 한 마리 통째로 매입하는 가게가 아니면 양을 확보할 수 없어서 팔지 못한다.

오늘날에는 공업적인 방법으로 제조된 재료가 나돌고, 회전 초밥집과 같은 저렴한 가격의 초밥집을 통해 대중화되었다.

### ▪ 전용 쇼트닝을 넣으면 네기토로 완성

현재 유통되는 대량 생산품은 황다랑어나 날개다랑어 등의 값싼 재료에 생선 기름이나 식물성 기름 등의 유지, 조미료, 착색료 등을 더해 맛과 식감을 향상시킨 것(인공 네기토로)이 대부분이다.

요즘에는 으깬 참치 살코기에 식물성 기름과 아미노산 조미료를 첨가함으로써 유사하게 네기토로를 만드는 방법이 개발됐다. 주로 사용하는 것은 쇼트닝으로, 이것은 색이나 맛이 없는 그냥 마가린이다. 이것을 으깬 참치 살코기에 넣고 그 외에 더 여러 가지 첨가물

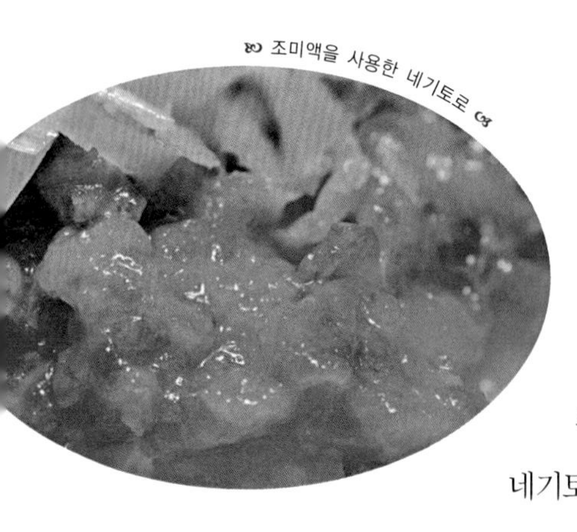

을 섞으면 인공 네기토로가 된다.

영업용 식품을 판매하는 곳에서는 식품첨가물의 글루탐산나트륨과 글리신 등의 조미료, pH안정제, 유화제가 미리 배합된 네기토로용 쇼트닝을 판매하고 있다. 이 네기토로용 쇼트닝에 믹서기로 간 참치 살코기를 그냥 섞는 것만으로 순식간에 네기토로가 완성된다. 저렴한 초밥집이나 술집 등에서 사용되고 있다.

**· 대체 생선을 이용한 네기토로**

또 참치 대신 꽁치의 살을 사용하는 가게나, 참치와 색과 맛이 비슷한 빨간 개복치 살을 사용한 네기토로도 나돌고 있다. 이에 대해 소비자 단체 등이 '식용유를 첨가하는 것은 네기토로라고 할 수 없다'며 문제 삼은 적도 있으나 애초에 참치의 중간 뼈를 사용한 진짜 네기토로는 비싸고 희귀하여 먹어 본 사람이 드물어서 '진짜'인지 '가짜'인지 구분할 수 없다.

### 진짜? 가짜? 어떻게 구분할까?

우선 네기토로를 따뜻한 밥 위에 올려놓는다. 그다음 다시 네기토로를 다른 곳으로 옮긴 후 밥에 간장을 붓는다. 기름이 둥둥 떠 있다면 가짜이다. 진짜 네기토로는 기름기가 밥에 옮겨붙지 않는다.

### 식품 원재료(유사 네기토로)

참치, 식물성 유지, 아미노산 조미료, 글리신, pH안정제, 유화제, 쇼트닝, 착색료.

## 새꼬막이 대부분인 **피조개**

피조개 대용품인 새꼬막

피조개의 대용 식품으로 흔히 새꼬막을 사용한다. 새꼬막과 피조개의 맛은 크게 다르지 않은데 차이가 있다면, 껍질의 세로줄 무늬의 수정도이다. 가격은 피조개보다 새꼬막이 저렴하므로 보통 초밥집에서도 새꼬막을 많이 사용한다. 새꼬막은 피조개 조림이나 피조개 통조림용으로 쓰인다.

많은 회전 초밥집에서 피조개라고 사용하는 것은 가까운 이웃 아시아에서 수입한 새꼬막과 중국에서 양식한 미국의 국자가리비이다. 국자가리비는 빛깔이 희기 때문에 중국에서 색소를 이용해 빨갛게 염색한다.

새꼬막은 붉은빛이 연하고 피조개에 비해 맛도 떨어지며 형태도 작다. 주로 중국·한국·베트남 등에서 피조개 특유의 모양으로 손질하여 냉동 가공한 것을 수입한다. 피조개는 구하기 어렵기 때문에 피조개로 팔리고 있어도 실제로는 새꼬막인 경우가 대부분이다.

### ▪ 조개끈(히모)은 초밥에 빠뜨릴 수 없는 재료

진짜 '피조개'는 홋카이도 남부에서부터 한반도 내만에 서식하고, 이전에는 지바(千葉)·게미가와(検見川) 산이 으뜸으로 알려졌다. 그러나 현재는 도쿄 만·무쓰 만·센다이 만·이세 만·세토 내해·아리아케

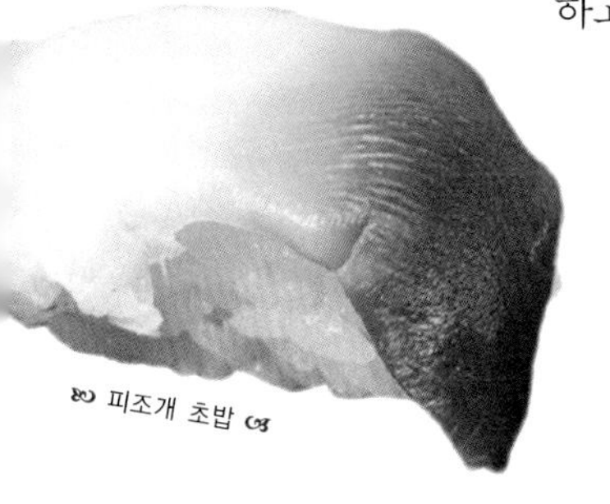
피조개 초밥

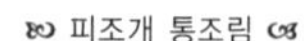
피조개 통조림

해 등이 주요 산지이다. 껍데기 길이 12cm · 높이 7cm의 대형 종으로 제철은 겨울이고 붉은 주황색을 띤다. 히모도 중요한 초밥 재료로서 에도식 니기리즈시(にぎりずし)*에는 빼놓을 수 없는 재료 중 하나이다.

### 진짜? 가짜? 어떻게 구분할까?

진짜 피조개 껍데기에는 40개 이상의 방사 모양의 줄무늬가 있는 것이 특징이다. 진짜는 특유의 쓴맛과 단맛이 강하고 감칠맛이 있다.

### 식품 원재료(새꼬막으로 만든 피조개)

새꼬막, 간장, 설탕, 전분, 향신료, 증점제, 조미료(아미노산 등), 가공 전분(원자재 일부에 밀을 포함).

* 초밥을 한입 크기로 만들어 그 위에 생선을 얹은 것으로 보통 우리가 먹는 일반적인 형태의 초밥이다.

## 고급 생선을 대신하여 사랑받는 **대용 생선**

대용 생선은 일본에서 오래전부터 먹어온 어패류의 대용품으로서 이용되고 있는 것을 말하며 대체 생선이라고도 부른다. 대용 생선은 국내에서 유통·소비되지 않았던 외국 생선·심해 생선 등을 사용한다.

대용 생선은 고급 생선에 대한 대용, 대중적인 생선의 자원 고갈에 대한 대책으로 사용하고, 어족 자원의 안정적인 공급과 원가 절감을 목적으로 개발해 왔다. 종래의 생선과 맛은 비슷해도 외관이 다른 것이 많은데 그것들은 주로 외식 산업이나 학교 급식에서의 생선튀김(흰 살만 튀긴 것) 등 가공식품, 회전 초밥의 재료 등으로 사용한다. 슈퍼마켓과 같은 소매점에서는 소비자가 친숙하지 않은 이름의 생선 구매를 꺼리기 때문에 판매하는 대용 생선이 적다. 한편, 열빙어처럼 대용 생선이 주류가 된 예도 있다.



### ▪ 올바른 표시가 과제

대용 생선이 올바르게 표시되어 팔리는 일은 위법이 아니지만, 이해하기 어려운 표시나 허위 표시가 문제 되기도 한다. 소비자를 현혹하기 위해 기존 생선과 비슷한 호칭을 사용하여 소비자 기만행위로 고발된 예도 있다.

식품 표시를 속여 대용 생선을 사용한 경우에는 '위장 생선'이라고도 불린다. 대용 생선은 식용에 문제가 없다고 여겨지지만, 흑갈치꼬치(Escolar)처럼 소화 불량을 일으켜 일본에서는 식품위생법으로 판매가 금지된 생선이 다른 나라에서 위장되어 사용된 예도 있다.

한편 자원 관리, 환경 파괴라는 점에서 대용 생선이 문제가 되기도 한다.

비막치어와 같은 타국에서 예로부터 이용하는 어종을 일본까지 이용하면 어획량이 늘고 자원이 압박받는다. 또 동남아에서의 새우 양식은 삼림 파괴를 초래하고 있고, 외부에서 유입된 나일퍼치는 빅토리아 호수 생태계 파괴의 원인으로 문제가 되고 있다.

· 대표적인 대용 어류

개량 조갯살의 대용 → 국자가리비

피조개의 대용 → 새꼬막

전복의 대용 → 칠레산 전복

장어의 대용 → 유럽 뱀장어

엔가와(넙치)의 대용 → 가자미(halibut)

엔가와(넙치)의 대용 → 검정가자미



쥐치의 대용 → 말쥐치

자바리의 대용 → 큰은대구

보리새우의 대용 →블랙 타이거

연어의 대용 → 곱사연어

소라의 대용 → 피뿔고둥

열빙어의 대용 → 카페린

명태의 대용 → 메를루사, 남방 대구

농어의 대용 → 나일퍼치

붕장어 대용 → 앙귈라(뱀장어)

참치의 대용 → 빨간 개복치

참돔의 대용 → 틸라피아

게르치의 대용 → 비막치어

빙어의 대용 → 날빙어

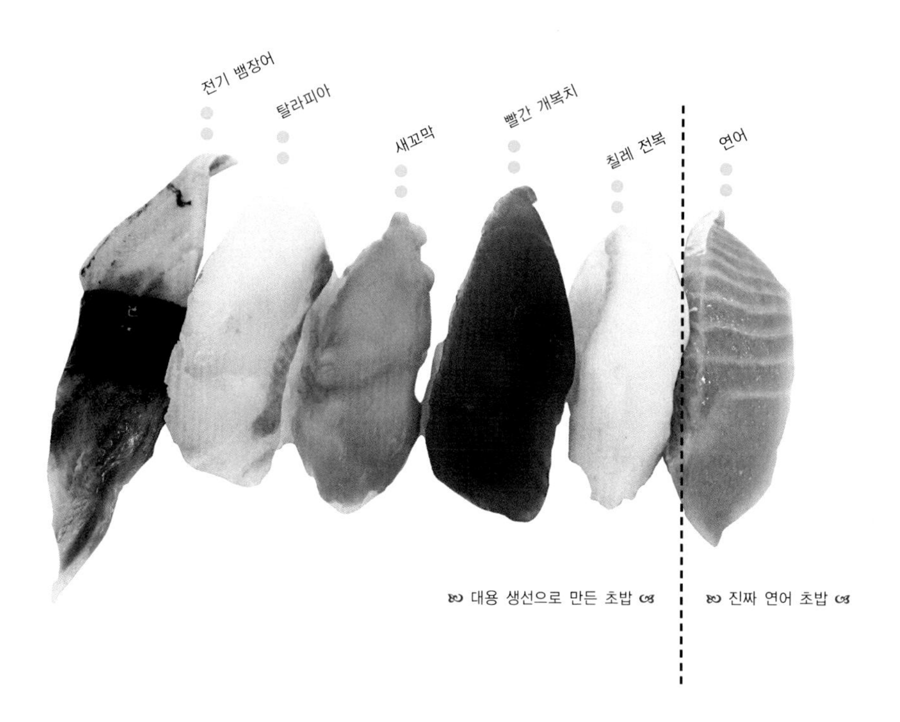

## 생선살으로 만든 가니쓰메·오징어링·새우튀김

일반적으로 채소나 어패류에 빵가루를 입혀 기름에 튀긴 것을 튀김이라고 부르고 돼지·닭·소고기 등을 튀긴 것은 커틀릿으로 구분한다.

일본에는 프라이와 돈가스를 즉석에서 튀겨 판매하는 전문점이 많은데 돼지고기·닭고기·소고기 등을 꼬치에 찔러 튀기는 구시카쓰(串かつ)는 오사카의 명물이 되었다.

튀김은 도시락 반찬으로 인기도 높고, 냉동식품으로도 많이 판매된다. 그런데 음식점의 꽃게나 새우튀김 등은 호화로운 튀김으로 보이지만, 가니쓰메 튀김에서 진짜를 이용한 것은 집게발뿐이다. 집게발 아래에 붙은 알량한 게살, 나머지는 대구를 으깬 살에 게살 어묵을 붙여 충분히 빵가루를 입혀서 팔고 있다.

어육으로 만든 새우튀김

진짜 가니쓰메

▪ 진짜의 반값

오징어링도 최근 어획량이 감소한 화살오징어 대신 대구의 으깬 살에다 녹말가루, 라드, 흰자 등을 섞어 반죽하여 오징어와 똑같이 만들고 있다. 물론 화학조미료와 향료로 비슷한 맛을 만드므로 도시락 반찬 등으로 들어가도 구분하기 어렵다.

대구로 만든 오징어링은 진짜의 반값으로 원통형으로 균등하게 잘려 있고 껍질도 붙어 있으므로, 외식 산업에선 인기가 높다.

한 입 새우튀김도 새우는 조금 들어가고, 나머지는 대구나 식물성 단백질을 섞어 만든다. 가리비도 마찬가지이므로 원재료 표시를 꼭 확인하길 바란다.

### ✋ 진짜? 가짜? 어떻게 구분할까?

본래의 튀김이 가지고 있는 바삭함이 없고 식감도 부드럽다.

### ✋ 식품 원재료(대구로 만든 새우튀김)

어육(대구), 새우, 빵가루, 차조기 잎, 녹말가루, 달걀, 조미료, 설탕, 소금, 조미료(아미노산 등), 감미료(감초, 스테비아), 보존료(소브산 K), 원자재 일부에 밀 · 콩을 포함.

## 사료에 첨가물을 넣어 노른자의 색을 진하게 만든 고급 달걀

노른자의 색깔은 붉은빛을 띤 진한 색과 옅은 색이 있다. 이들 색깔은 카로티노이드 색소에 의한 것인데 이것은 먹이로부터 옮겨진다. 카로틴은 노른자의 색깔과는 거의 관계가 없기 때문에 노른자의 색깔과 영양은 별로 관계가 없다. 그러나 많은 사람이 노른자가 진한 붉은빛을 띠는 것이 고급 달걀이라고 생각한다. 그래서 노른자의 색을 진하게 만들기 위해 보통 파프리카나 천연 색소, 인공 색소를 사료에 섞는다.

지용성 색소를 닭에게 주면, 노른자로 색소가 옮겨지고 착색된다. 따라서 원하는 색깔을 얼마든지 만들어 낼 수 있고 여기에는 10일 정도의 시간이 걸린다.



노란색을 진하게 하려면 녹색 사료나 루테인(색소), 옥수수(제아잔틴과 크립톡산틴이라는 색소)를 먹이로 준다.

### • 진한 붉은색을 만들어 내는 새우·게 껍데기

당근의 β 카로틴은 거의 채색 효과가 없다. 붉은색을 진하게 하려면, 새우나 게 껍질(아스타크산틴), 파프리카(캅산틴)를 사용해야 한다. 또 버섯에 포함된 색소(칸타크산틴)의 합성 제품이 실제 배급되는 사료에 혼합되어 있다. 토마토나 수박의 빨간색은 리코펜이라는 색소이지만, 노른자의 착색에는 거의 효과가 없다.

한편 달걀을 깼을 때 달걀 흰자위가 하얗게 탁해져 있는 경우가 있는데

ꕥ 노른자의 색은 사료에 첨가물을 넣어 얼마든지 바꿀 수 있다. ꕥ



이것은 이상하기는커녕 오히려 신선한 달걀에서만 볼 수 있다. 갓 태어난 달걀은 상당한 양의 탄산가스가 녹아 있어 흰자가 뿌옇게 흐려지지만, 시간이 지나면서 발산되어 흰자는 투명해진다. 이것은 3일 정도 지나면 거의 볼 수 없다.

### ✋ 진짜? 가짜? 어떻게 구분할까?

딱 봐도 짙은 선홍색은 가짜로 의심할 필요가 있다.

### ✋ 식품 원재료(첨가물을 넣은 달걀)

양계 시 사용한 먹이에 대한 표시 의무는 없다.

## 둥글게 자른 삶은 달걀의 대용 **롤 에그**

가공란이란 액란, 냉동 달걀 등 식품 공업과 외식 산업에 이용하는 달걀의 1차 가공품을 가리킨다.

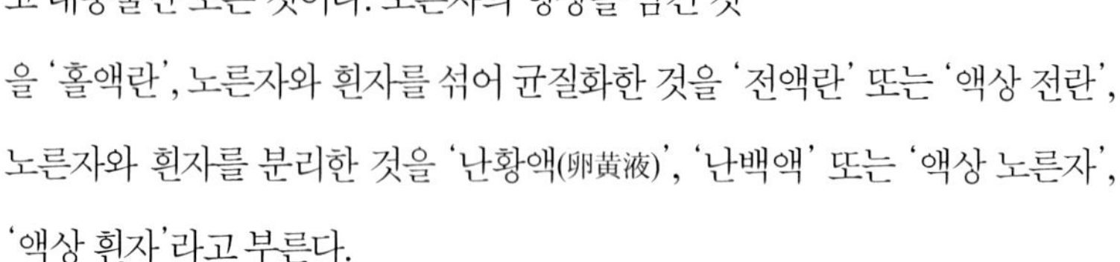
롤 에그

이것은 달걀을 깨서 껍데기를 제거하고 내용물만 모은 것이다. 노른자의 형상을 남긴 것을 '홀액란', 노른자와 흰자를 섞어 균질화한 것을 '전액란' 또는 '액상 전란', 노른자와 흰자를 분리한 것을 '난황액(卵黃液)', '난백액' 또는 '액상 노른자', '액상 흰자'라고 부른다.

이것들에 소금이나 설탕을 첨가한 것도 있다. 단백질이 열변성을 일으키기 때문에 가열 살균할 수 없으므로 살균에는 살모넬라균, 대장균을 대상으로 한 저온유지 살균법을 시행하고 있다. 마요네즈 제조, 제과, 제빵, 제면 등의 식품 가공업에 널리 소비되고 있다.

건조 달걀은 액란에서 수분을 제거하고 흰 가루나 플레이크 형태로 만든 것이다. 공업적으로는 널리 분무건조법을 사용한다. 주로 건조된 흰자 분말이 제조되는데 흰자에 포함되는 포도당이 보존 중 변색 등의 원인이 되므로 탈당 처리가 이루어진다.

또 2차 가공품으로서 마이크로파 가열, 팽화건조를 시켜 장기 보존이 가능하고 따뜻한 물에서 단시간에 복원할 수 있는 것이 있다. 또, 달걀을 얇게 구워 균일한 시트 모양으로 만든 드럼 가공란 등이 있는데, 그중에서도 가장 특징적인 것이 '롤 에그(롱 에그로 불린다)'이다.

롤 에그를 넣은 샐러드

· 간편하여 용도가 넓은 롤 에그

패스트푸드 가게 등에서 토핑으로 사용하는 '원통형 삶은 달걀'은 크기도 균일하다. 여기에는 가락엿처럼 보이는 긴 원통형의 삶은 달걀 '롤 에그'를 사용한다.

이는 노른자와 흰자를 따로 나누는데 노른자는 카로틴 색소로 착색한 녹말가루를 첨가하고, 식물성 기름, 조미료, 결착 및 강화 등을 위해 인산염을 더해 만든 것이다.



롤 에그는 달걀 껍데기를 벗겨야 하는 번거로움이 없으며 크기도 일정하여 편리하다. 편의점 등에서 판매되는 샐러드나 냉장 면류 등에도 이용된다. 달걀 샌드위치에는 이것이 진짜와 섞여 사용된다. 북유럽 등에서는 1970년대부터 제조됐다.

만드는 방법은 흰자 62%, 노른자 38%를 준비한다. 이것은 전란 중의 흰자와 노른자의 비율과 같다. 우선 이들 원료에서 공기를 분리한다. 이것은 기포를 담고 있으면 가열 가공 중에 팽창하고 조직이 스펀지 모양으로 변하기 때문에 이러한 현상을 막기 위해서이다.

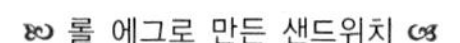

롤 에그로 만든 샌드위치

두 종류의 금속 튜브의 바깥쪽에 흰자액을 충전해 가열하여 응고시킨다. 이어 안쪽 튜브를 뽑아 거기에는 노른자를 충전하고 다시 가열해 응고시킨다. 전체가 응고됐다면, 냉각하여 전체를 튜브에서 꺼낸다. 이것을 팩에 진공 포장한 후, 뜨거운 물이 들어있는 탱크에 담가 외부를 살균하고 즉시 냉각하여 냉장 혹은 냉동하여 보관한다. 냉장에서 3~4주, 냉동하면 2년간 보존할 수 있다.

### ✋ 진짜? 가짜? 어떻게 구분할까?

가짜는 밝은 색을 띠고 윤기가 난다. 식감은 가루 같고 끈적끈적한 맛이 난다.

### ✋ 식품 원재료(롤 에그)



흰자, 노른자, 보존료.

## 이성화액당으로 증량한 **벌꿀**

벌꿀이란 꿀벌이 꽃에서 꿀을 채집해 벌집 안에서 가공, 저장한 것으로 자연계에서 가장 달콤한 꿀이라 한다. 약 8할의 당분과 2할의 수분으로 구성되며, 약간의 비타민과 미네랄류 등의 영양소를 포함하고 있고, 맛과 색은 밀원식물에 따라 다양하다.

벌꿀은 저온에서 알갱이 모양의 결정이 생겨 하얗게 굳어 버리는 성질이 있는데 이것은 포도당의 성질에 의한 것이다.

벌꿀

벌꿀은 달콤함과 동시에 독특한 맛을 갖는다. 이것은 벌꿀에 포함된 비타민, 미네랄, 아미노산, 유기산, 효소 등의 미량 성분으로부터 나오는 것이다.

벌꿀은 인류가 처음 사용한 감미료라고 알려졌으며 잉글랜드 남부에서는 기원전 2500년경에 항아리 모양 토기에 꿀을 보관했던 흔적이 발견되기도 했다.

꿀에는 혈압을 낮추는 효능이 있다고 알려져 있다. 꿀에는 칼륨이 많이 포함되어 있는데, 식염을 과잉 섭취했을 때 칼륨을 섭취하면 혈압을 낮출 수 있다. 또 벌꿀에 포함되는 콜린은 고혈압의 원인이 되는 콜레스테롤을 제거하는 효과가 있다.

벌꿀에 함유된 비타민 중 약 90%는 활성형이므로 소량 섭취만으로도 효

벌집

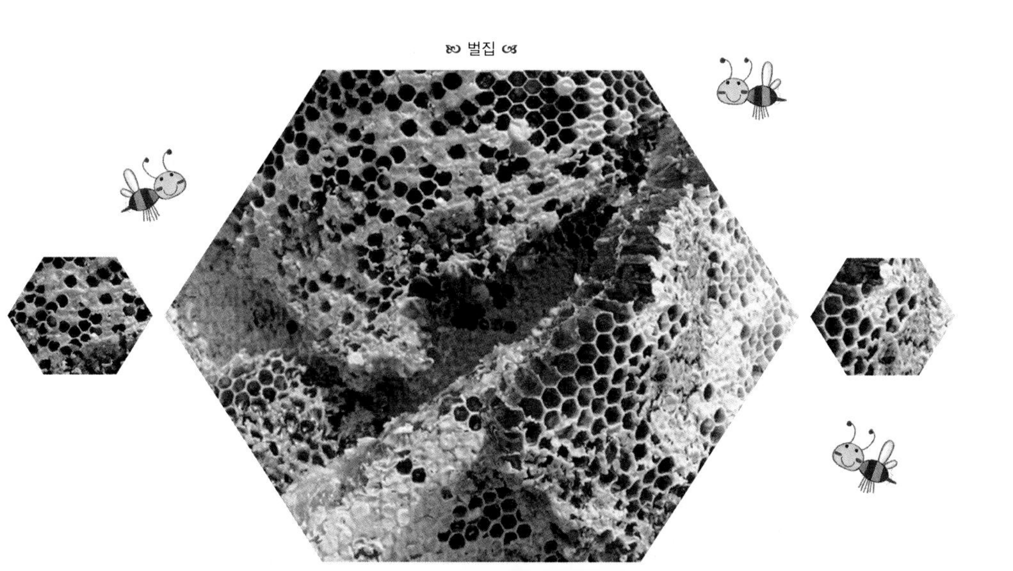

과가 있고 극히 안정되어 과일에 비해 저장 중 감소율이 매우 낮다. 비타민 함유량은 밀원 식물에 따라 크게 다르며, 또한 탈취, 탈색하면 비타민을 많이 잃는다. 경우에 따라서는 거의 모두 잃는다.

### ▪ 맛이 연한 가당 벌꿀

벌꿀에 혼합물로 사용하는 것은 이성화액당이라는 것인데 벌꿀의 주성분과 완전히 같으므로 이것은 포도당과 과당의 비율을 바꿀 수 있다. 이성화액당을 벌에게 주면 벌꿀이 되지만, 단지 식물로부터 생기는 불순물이 적어질 뿐이다. 벌꿀에 이성화액당을 넣어 희석시키면 벌꿀의 주성분을 원료로 희석하기에 맛으로 판단하기는 어렵다. 이것은 슈퍼에서는 가당 벌꿀이라는 이름으로 팔리는데 이를 진짜라고는 부를 수 없다.

조금 복잡한 방법이지만, 설탕액을 꿀벌이 빨아들이게 하여 일단 벌의 몸을 통과하면 효소·미량 성분, 불순물 검사로는 구분하기 어려워진다. 또 해외산 저렴한 진짜 꿀을 일본에서 기르는 벌에게 빨아들이게 한 경우도 비가열 벌꿀이라면 알아내기가 매우 어렵다.

가짜 벌꿀은 검사하지 않으면 모르지만, 판매하는 가격으로도 어느 정도 판단할 수 있다. 실제로 양봉 종사자라면 알겠지만, 꿀을 채취하기까지의 작업은 매우 번거롭다. 강군을 키워 내부 검사를 철저히 하고, 벌꿀을 짜서 병에 채워 라벨을 붙여야 한다. 게다가 한 곳에서 많이 기르면 꿀이 많이 나오지 않는다. 3~4km 떨어진 곳에 여기저기 강군을 두고 가야 하는데 이동하는 비용이나 시간적 손실도 크다. 고생하여 순수한 꿀을 채취했다 하더라도 연료비와 병, 라벨비, 인건비를 고려하면 최저 700~1,000엔/100g 정도로 팔아야 한다.

### 진짜? 가짜? 어떻게 구분할까?

저렴한 가격의 진짜는 거의 없다. 진짜보다 맛이 연해서 아는 사람은 알 수 있다.

### 식품 원재료(증량한 벌꿀)

꿀, 과당포도당액당.

## 하얀 서양 고추냉이를 녹색으로 착색한 **와사비**

와사비 분말이나 튜브에 들어있는 와사비는 대부분 서양 고추냉이를 원료로 만든 것이다. 서양 고추냉이는 와사비 무, 에조와사비라고도 불린다. 서양에서는 호스래디시라고 불리는 흰색 서양 고추냉이가 로스트 비프 양념의 기본이다.



원산지는 동유럽이라는 설이 유력하다. 일본에서는 주로 홋카이도에서 재배된다. 들어왔을 당시에는 수요가 없었기 때문에 심어 놓은 서양 고추냉이는 그대로 야성화되어 버렸다고 한다. 겉모습은 와사비와 전혀 다르지만, 매운맛과 향기의 성분은 같다.

호스래디시에 진짜 와사비를 혼합한 제품

최근 쉽게 볼 수 있는 '진짜 와사비가 든 생으로 갈아 만든 와사비' 제품은 서양 고추냉이를 원료로 만든 연와사비에 진짜 와사비를 더한 것이다.

· 가격은 진짜 와사비 5분의 1

서양 고추냉이는 와사비와 같은 매운맛과 향기 성분을 가지고 와사비 5분의 1 정도의 가격이므로 가루 와사비나 연와사비의 원료로 널리 사용된다. 지금처럼 진짜를 추구하는 세상에서는 가짜로 취급되기도 하지만, 이것이 없었다면 진짜 와사비의 가격이 급등하고 서민은 회와 초밥 양념에 와사비를 쓰지 못했을 것이다. 연와사비에는 소량의 겨자가 혼합되어 있는데 이것은 겨자에 기름이 많고 이 기름이 매운 성분의 휘발성을 억제하는 역할을 하기 때문이다. 또 서양 고추냉이는 하얗기 때문에 와사비의 이미지에 맞게 녹색으로 착색된다. 연와사비는 호스래디시를 녹색으로 착색하고, 향료, 산미료에 녹말가루를 섞은 것이 많다.



## ✋ 진짜? 가짜? 어떻게 구분할까?

서양 고추냉이로 만든 와사비는 와사비 특유의 향이 부족하고 진짜보다 훨씬 톡 쏘는 매운맛이다.

## ✋ 식품 원재료(연와사비)

서양 고추냉이, 녹말, 설탕 조제품, 소금, 소르비톨, 백반, 향신료 추출물, 안정제, 알코올, 향료.

갈아 만든 신선한 와사비

## 참홑파래를 원료로 만드는 **김 조림**

김은 일본인에게 친밀한 해산물 중 하나이다. 보통 김은 체에 걸러 종이 모양으로 건조시킨 것을 이용하는 경우가 많다. 건조시키지 않는 김은 생김이라고도 불린다.

새로 지은 따뜻한 밥에 얹어서 먹는 '김 조림'은 바다의 맛을 느끼게 한다. 또한, 밥그릇에 김 조림 · 바이니쿠(梅肉)* · 미나리(푸른색 채소라면 무엇이든)를 넣고 뜨거운 물을 붓는 것만으로 간단한 국이 완성된다. 김 조림은 대부분 참홑파래를 원료로 만든다.

진짜 김으로 만든 김 조림

홑파래로 만든 김 조림



* 매실을 말려 씨를 제거한 것.

### · 용도가 넓은 참홑파래

참홑파래는 겨울에서 초여름 사이에 조간대의 바위 위에 자라는 해조로, 시중에서 판매되는 '갈파래', '가시파래'의 대부분은 참홑파래로서 식품에 활용되고 있다.

참홑파래는 건조 미역처럼 된장국 등 국물에 넣어 먹는다. 그 밖에 달걀 프라이에 넣거나, 튀김으로 만들거나, 해조류 샐러드의 재료로 쓰는 등 다양한 요리에 사용한다.

참홑파래는 갈파래의 동류로 혼동되는 경우가 있지만, 분류학상 나뉘고 참홑파래의 미끈거리는 감촉으로 아오사류와 구별할 수 있다.

### 진짜? 가짜? 어떻게 구분할까?

참홑파래는 원래 녹색, 다갈색이지만, 조림으로 만들 경우 착색되기 때문에 첨가물이 들어가면 구분하기 어렵다.



### 식품 원재료(참홑파래로 만든 김조림)

참홑파래, 아마노리(甘海苔)*, 간장(혼조조[本醸造]), 설탕, 발효 조미료, 과당 포도당액당, 물엿, 소르비트, 캐러멜색소, 조미료(아미노산 등), 증점제(증점다당류, 가공 전분), 보존료(소브산 K), 산미료, 원자재 일부에 콩, 밀을 포함.

---

* 홍조(紅藻)류의 해조(김 따위).

## 송이버섯 향기만 나는 **송잇국**

송이버섯은 송이 과에 속하는 버섯으로 양분이 적은 비교적 건조한 장소를 선호한다. 송이버섯은 가을에 소나무만 자라는 숲 외에도 다른 침엽수가 우점종인 혼합림의 땅 위에서 자란다.

따뜻한 물을 부으면 완성되는 송잇국

일본에서 송이버섯은 서일본에서 특히 인기가 높다. 에도 시대부터 '송이버섯 한 돈은 쌀 한 되'라는 말이 있을 정도로 대표적인 고급 음식재료이다.

송이버섯은 지금도 대표적인 고가의 음식 재료이다. 그 이유는 소나무 잎이나 가지를 연료, 비료로 이용하지 않게 되면서 소나무 숲의 지표면 환경이 부영양화된 것과 소나무에 기생하는 벌레에 의해 소나무가 말라버리는 일이 많아 송이버섯의 수확량이 격감했기 때문이다.



### ·말린 표고버섯을 사용

송이버섯 양념을 사용한 송이 맛이 풍부한 '송잇국'은 다키코미밥(炊き込みご飯)*에 차왕무시(茶碗蒸し)**, 파스타와도 어울리는 만능 조미료라고 할 수 있다. 또 적당한 송이버섯 향기로 꾸준히 사랑받고 있다.

뜨거운 물을 붓는 것만으로 향기로운 송이버섯 향이 나는 국물을 즐길 수 있다. 떡국과 차왕무시의 육수로 사용하거나 음식점에서 일본 음식과 함께 곁

---

* 일본 요리의 하나로, 생선, 채소, 고기 등의 여러 가지 재료를 섞어서 지은 밥이다.

** 공기에 달걀을 풀고 생선묵·표고·고기·국물 따위를 넣고 공기째 찐 요리이다.

들여 제공하기도 한다. 또 도시락에 곁들이는 국물로도 제격이다.

김·말린 표고버섯·파 등의 재료를 듬뿍 넣었기 때문에 송이버섯이 들어가 있지 않아도 냄새는 충분히 향기롭다.

### 진짜? 가짜? 어떻게 구분할까?

진짜보다 송이버섯 향기와 맛이 강하다. 그러나 일본인 중에는 진짜 송이버섯이 들어간 국물의 맛을 모르는 사람도 많아 분간은 어렵다.

### 식품 원재료(송이버섯 향 송잇국)

조미 과립(소금, 설탕, 가쓰오부시 분말, 간장, 가다랑어 엑기스), 김, 표고버섯, 파, 아미노산 등 조미료, 캐러멜색소, 향, 산화 방지제, 시트르산.



## 흰 설탕에 채색한 **설탕**

정제 설탕은 크게 자라메당(ザラメ糖)* · 차당(車糖) · 가공 설탕 · 액상당의 4가지로 분류된다. 굵은 설탕은 하드 설탕이라고도 불리며, 결정이 크게 말라서 바슬바슬한 설탕이다. 여기에는 백쌍당 · 중쌍당 · 그래뉴당 등이 속한다. 일반적으로는 백쌍당과 중쌍당을 가리켜 굵은 설탕이라고 한다. 백쌍당은 백자라메당, 중쌍당은 황자라메당이라고도 한다.

한편 차당은 소프트 슈거라고도 불리며, 결정이 작고 촉촉한 느낌의 설탕으

* 결정의 크기가 약 2mm 정도 되는 설탕이다.

로, 상백당 · 삼온당 등이 이에 속한다. 액상당은 이름 그대로 액체 상태의 설탕이다.

또 자라메당을 원료로, 각설탕, 얼음 설탕 · 가루 설탕 · 과립 설탕 등의 가공 설탕이 제조된다.

### ▪ 갈색 설탕이 몸에 좋다고?



연갈색 삼온당과 상백당의 영양가 차이는 흑설탕에 비하면 미미한 것이지만, '상백당은 몸에 나쁘고 삼온당은 몸에 좋다'는 소문이 돌기 시작하면서부터 삼온당이 인기를 끌기 시작했다. 이로 인해, 상백당을 캐러멜색소로 색을 입힌 삼온당이 시장에 나왔고 자라메당도 똑같이 색을 입힌 상품이 나돌고 있다. 설탕에도 첨가물이 사용되고 있다는 것이 매우 놀라울 뿐이다.

### 진짜? 가짜? 어떻게 구분할까?

캐러멜색소로 표시된 삼온당은 모조품이다. 채색한 자라메당은 물을 부으면 갈색 액체가 녹아 버려 투명한 설탕이 된다.

### 식품 원재료(모조 설탕)

설탕, 캐러멜색소.

## 값싼 암염을 바닷물에 졸여서 만든 **소금**

소금은 염화나트륨을 주성분으로 하는 바닷물의 건조·암염 채굴에 의해 생산되는 물질이다. 음식에 간을 할 때 꼭 필요한 조미료로서, 저장(소금·염장) 등의 목적으로도 식품에 활용된다.

일본에는 암염 자원이 없고 안정적인 소금 자원은 나오지 않는다. 또 연간 강수량도 세계 평균의 2배로 일조 시간이 비교적 긴 세토우치(瀬戸内) 지방이나 노토(能登) 반도 등 일부 지역 이외에는 염전에 적합하지 않다. 그렇기 때문에 소금을 만들려면 전적으로 바닷물을 졸여서 만들어야 한다. 이것은 햇볕에 말리는 것과 비교하면 연료나 도구 등이 요구되므로 비용이 들고 대규모 제염에 어울리지 않는 방법이다. 이 때문에 자급률은 식용 소금이 85%지만, 공업용을 포함하면 전체 소비량의 85%를 수입한다.

바닷물에서 제염하려면 직접 바닷물을 졸여서 소금을 만드는 것보다 한 번 농도가 진한 소금물을 만든 뒤 졸이는 편이 효율적이다. 이 농도가 진한 소금물을 '함수(鹹水)'라고 하며 이 작업을 '채함(採鹹)', 졸이는 작업을 '전오(煎熬)'라고 한다.

바닷물을 햇볕에 말려 증발시켜서 만드는 일본 전통의 '자연 소금'은 미네랄이 풍부하다. 반면 외국에서 수입한 값싼 암염을 바닷물에 녹여 졸인 것을 '재생 가공염'이라고 하는데 저렴하게 생산하지만, 미네랄 성분은 거의 없다.



### · 자연 소금에는 미네랄이 풍부하다

현재 판매하는 소금 대부분은 화학적으로 정제된 '정제염'이다. 정제염은 거의 모든 것이 염화나트륨으로 구성되어 있으며 인간에게 필수적인 미네랄 성분(칼륨, 칼슘, 마그네슘 등)이 대부분 제거되어 있다. 이렇듯 정제염에는 천연 소금이 가진 다양한 가치가 남아있지 않다.

소금의 '짠맛'의 근원은 염화나트륨이다. 그러나 일본에서도 일본 전매 공사가 생기기 전까지 소금은 염화나트륨을 의미하는 것이 아니었다. 바닷물에서 만드는 '자연 소금'에는 마그네슘·칼슘, 칼륨 그 외 여러 가지 미네랄이 풍부하게 들어있다. 진짜 '소금의 맛'이란 이러한 미네랄이 복합적으로 자아내는 더 복잡하고 풍부한 맛이다. 이러한 미네랄을 없애고, 염화나트륨으로만 구성된 '가짜 소금'은 짜기만 하고 맛이 없다.

식품 포장지 표면의 영양성분표란에는 함유된 염분의 양 대신 나트륨양만 기재된 경우가 있다. 이것은 고혈압의 요인으로서 식염의 양보다 오히려 나트륨 섭취량이 중요시되었기 때문이다.

염분 상당량 또는 식염 상당량은 이 나트륨이 모두 식염에서 나온다고 상정했을 경우 나트륨양에 상당하는 식염의 양이다. 염분 상당량은 식품에 포함되는 나트륨양의 2.54배 요구된다. 단, 아미노산염 등의 형태에도 나트륨은 포함되므로 염분 상당량은 실제로 식품에 포함된 식염량에 비해 약간 늘어난다.

한편 소금은 상온에서 절대 부패하지 않으므로 유통 기한을 설정하지 않아도 된다.

### ✋ 진짜? 가짜? 어떻게 구분할까?

진짜는 맛있는 짠맛이지만, 정제 소금 등은 그냥 짜기만 할 뿐이다.

### ✋ 식품 원재료(정재염)

암염.

## 캐러멜색소로 착색한 간장

예전부터 콩과 밀, 소금과 누룩은 간장의 재료였다. 누룩으로 만든 효소가 콩과 밀의 단백질을 아미노산으로, 전분을 당분으로 바꾸는데 이것이 간장 맛의 바탕이다.

누룩은 매우 다양한 맛이 나는데 단맛도 있고 신맛도 있다. 향긋한 향기도 나며 화학적으로는 해석할 수 없을 정도의 복잡한 맛을 자아낸다. 간장의 색은 아미노산이 당 일부와 결합하여 생긴다. 모든 것이 누룩의 힘만으로 간장을 만드는 것이다.

간장은 발효와 숙성 등에 시간이 걸리므로 제조에는 1년 이상의 시간이 필요하다. 따라서 진짜 간장은 간장 만드는 장인이 숙련된 기술로 1년 이상 공들여 만드는 것이다. 당연히 완성도가 높고 가격도 비싼 편이다.



간장 맛의 기본은 아미노산인데 이것은 시간을 들여서 발효하지 않아도 콩 등의 단백질을 염산으로 분해하면 쉽게 만들 수 있다. 이때 사용하는 콩은 기름을 만들고 남은 찌꺼기인 탈지가공대두로도 충분하다. 이렇게 만들어진 아미노산이 카피 간장의 기반이 되지만, 여기에는 간장다운 맛과 향기, 색깔도 없다.

여기에 글루탐산으로 맛을 내고 감미료와 산미료를 첨가해 단맛과 신맛을 낸다. 그리고 증점다당류를 넣어 매우 걸쭉하게 만든다. 빛깔은 캐러멜색소로 착색하고 향을 넣기 위해 진짜 간장을 약간 넣는다. 또 보존성을 좋게 하려고 방부제를 첨가

좋은 콩으로 만든 간장은 착색할 필요가 없다

한다. 이러한 방법이라면 한 달도 걸리지 않아 간장과 비슷하게 만들 수 있다. 발효할 필요가 없기 때문에 짧은 시간 내에 만들 수 있고 비용도 진짜 간장의 5분의 1 정도이다.

### · 유전자 조작 콩 사용에 대한 표시는 자주적으로



한편 간장의 원료인 콩은 유전자 조작 식품 대상 농작물에 해당하는데 일본에 수입하는 유전자 조작 콩은 그 안전성을 후생노동성이 발표하고 있다.

간장은 양조하는 데 시간이 걸리고, 그 사이 콩 단백질이 분해되면서 모두 아미노산과 펩티드로 변한다. 이 때문에 제품에서는 유전자 조작과 관련된 성분이 검출되지 않기에 유전자 조작 콩을 사용한 경우에도 표시 의무는 없다. 그러나 소비자 사이에서 유전자 조작 식품 표시를 요구하는 목소리가 높아짐에 따라 원재료, 제조 표시 가이드라인을 업계에서 자율적으로 만들어 유전자를 변형하지 않은 콩을 사용해 제조된 것을 표시하도록 하고 있다.

간장의 라벨에는 다양한 법률에 의거한 표시가 이루어지고 있다. 법률에서 쓸 수 없는 세세한 부분에 대해서는 업계에서 합의를 통해 알기 쉽고, 구체적으로 정하고 있다. 예를 들면 과거의 '개봉 후 취급' 표시는 정보를 소비자에게 알기 쉽게 전하기 위해 회사마다 독자적인 방법으로 일괄 표시 범위 밖에 기재했고, 지금까지 그것에 대한 명확한 룰이 없었다.

그러나 현재는 소비자가 알기 쉬운 표시 방법으로서 일괄 표시 범위 내에 기재하도록 했다. 간장 업계에서는 표시 방법이 업체마다 각기 다르지 않도록 업계에서 표시 방법을 통일하고 보다 알기 쉬운 표시에 힘쓰고 있다.

### ✋ 진짜? 가짜? 어떻게 구분할까?

표시 라벨을 보면 쉽게 구분할 수 있다. 진짜는 대두, 밀, 소금과 최소한의 원자재를 기재하는데, 카피 간장은 알코올, 아미노산 용액, 캐러멜색소 등 첨가물이 많이 나열되어 있다.

### ✋ 식품 원재료(착색 간장)

탈지가공대두(콩에서 기름을 짜고 남은 찌꺼기), 아미노산 용액, 포도당과당액당, 글루탐산 나트륨, 리보뉴클레오티드 나트륨, 글리신, 감초, 스테비아, 사카린 나트륨, CMC-Na(증점다당류), 캐러멜색소, 젖산, 호박산, 벤조산 부틸.

# 제2장

# 카피 식품으로 잘 알려진 식품



카피 식품은 이른바 가짜이지만, 맛, 건강 지향, 경제성 혜택 등에서 소비자의 지지율이 높아 시장에 정착한 식품도 많다.

## 생선살을 이용하여 삶은 게살을 흉내 낸 **게살 어묵**

가격이 비싼 삶은 게살을 흉내 낸 식품으로 생태를 이용해 만들었다. 진짜 삶은 게의 붉은색과 근육 섬유를 본떠 만들었고, 풍미를 위해 게 육수를 사용하기도 하지만, 진짜 게가 들어 있는 것은 아니다. 보통 게를 대신해서 단품으로 먹는 것보다 게를 이용한 요리에 주로 활용한다.

1973년 이시카와(石川) 현 나나오(七尾) 시의 수산 가공 업체인 스기요가 착색·착향한 어묵을 가늘게 잘라 만든 제품인 '별미 어묵·가니아시(かにあし)'를 발매한 것이 그 시작이다.

스기요의 제3대 사장 스기 씨가 다시마에서 나오는 알긴산으로 인공 해파리를 만들던 중 그 실패작이 게의 식감과 비슷하다는 사실을 깨닫고, 인공 게살을 제작하기 시작했다. 시행 착오 끝에 '별미 어묵·가니아시'를 개발하여 판매했는데 사기꾼이라는 등 스기요에 소비자 불만이 쇄도했다. 그러나 스기요는 이 소비자의 목소리를 역이용했다. '게와 똑같지만, 게가 아니다'라는 광고 카피로 어디까지나 '아이디어 상품'으로서 전국에 광고 활동과 판매를 실시했다.



### ▪ 진짜 게살로 만든 게맛살도

냉동 어육을 급속으로 압축 해제하고 다시 냉동하면 게의 다리와 같은 섬유가 생긴다. 어육에 포함된 수분을 일정한 방향으로 흘러가게 하면 더욱 게와 비슷해진다. 가장 바깥층의 붉은색은 식용 색소이자 천연 착색료인 모나스쿠스 색소(홍국 색소), 코치닐 색소, 토마토 색소 등이며 꽃게의 향과 맛은 역시 식품첨가물의 향료(향)와 게 추출물(게 엑기스)에서 나온다.

식품점이나 회전 초밥집 등에서 보이는 대량 생산형 게맛 어묵은 칼집을 넣은 어묵을 롤 모양으로 말아 만든 것이 많다. 최근에는 소비자가 진짜 또는 고급을 지향하므로 진짜 게살이 사용된 게맛살도 등장하고 있다.

한편 중국에서는 일본에서 기술을 도입하여 현지 공장에서 직접 인조 게맛살을 제조하고 있다. 게맛살은 중국에서 '인조 해류(人造蟹柳, 렌자오시에류우〔rénzào xièliǔ〕)' 등으로 불리는데, 찌개 등 각종 음식에 가공되어 보급된다. 그러므로 '해류'라고 적힌 요리를 주문할 때에는 진짜 게살을 사용한 것인지 확인해야 한다. 또, 진짜 게를 저렴하게 구입할 수 있는 태국과 필리핀에서도 대용품으로서가 아니라 게맛살 자체가 인기를 끌며 탕이나 튀김의 재료로 일반화되고 있다.

또 태국에서는 게맛살이 초밥 재료, 회의 일종으로 인식되어 태국에 있는 일본 음식점에서는 회 모듬 안에도 게맛살이 등장해 초밥 재료로도 인기가 있다. 물론 진짜 게가 아닌 것은 태국인들도 알고 있지만, 보통 해산물의 일종으로 분류해 슈퍼마켓에서도 반드시 해산물 코너에 놓여 있다.

EU, 미국에서는 고기보다 생선을 선호하는 경향이 강해지고 있어 일본 음식 열풍이 불고 있고, 세계적으로 소비량은 확대되고 있다. 또 게맛살을 가리키는 '스리미(으깬 어육)'라는 단어도 정착하고 있다.



### ✋ 식품 원재료(게맛살)

어육, 난백, 식물성 유지, 설탕, 녹말가루, 게 추출물, 식염, 대두 단백질, 발효 조미료, 가공 녹말, 조미료(아미노산 등), 향료, 유화제, 토마토 색소, 원자재 일부에 게를 포함.

조리하지 않고 바로 먹을 수 있어 인기가 있는 게맛살

진짜 이리

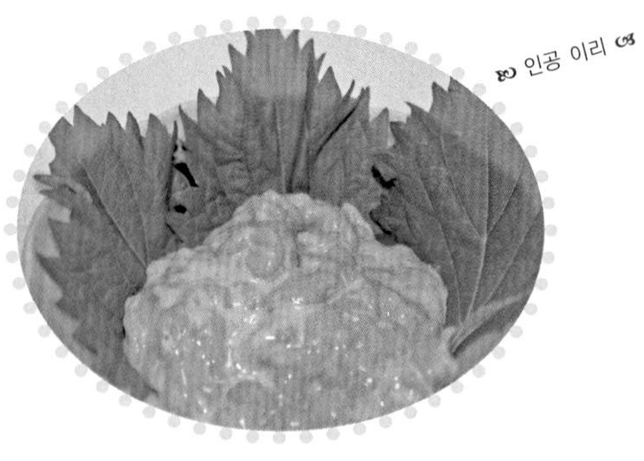
인공 이리

## 두부와 다시마로 만든 **이리**

이리는 주로 수컷 물고기의 뱃속에 있는 하얀 정액 덩어리를 음식재료로 부를 때의 명칭이다. 대구, 아귀, 복어 등의 성숙한 이리는 맛이 좋고, 초절임, 국, 찌개, 구이 등으로 먹는다.



보통 75~82%의 수분, 1~5%의 지방과 프로타민(히스톤) 핵단백질 등의 강염기성 단백질, 폴리아민을 많이 포함한 것이 특징이다. 유전자로서의 DNA도 고농도로 포함하고 있다.

'인공 이리'는 진짜와 똑같은 최첨단 가공식품으로 모양과 식감도 진짜 이리와 똑같다.

### · 진하고 맛있는 인공 이리

인공 이리를 만들려면 우선 다시마를 끓여서 페이스트 형태로 만든다. 그 다음 두부와 페이스트 형태의 다시마를 함께 믹서에 넣고 간 다음 짤주머니에 넣어 식초 안으로 짜내면 자연스럽게 굳으면서 인공 이리가 된다. 다시마가 가진 성분과 식초가 반응해 굳어지는 것인데 그 느낌은 이리처럼 탱탱하다.

진짜는 독특한 맛이 있지만, 인공 이리는 두부와 다시마 페이스트만으로 이루어져 있기 때문에 맛이 거의 없다. 하지만 폰즈(ぽん酢) 소스를 넣어 '이리 폰즈'를 만들어 먹으면 진짜와 혼동할 정도로 진하고 부드러워 정말 맛있다고 한다. 열량과 콜레스테롤도 낮아 질병 때문에 이리를 못 먹는 환자도 인공 이리는 먹을 수 있다. 안타깝게도 현재는 시판되지 않는다.

**식품 원재료**(두부와 다시마로 만든 이리)

두부, 다시마.

## 생생하게 재현한 **장어구이**

가나자와(金沢)의 식품 개발 회사가 '인공 장어구이'를 개발했다.

장어 살은 비지와 두부, 생선 연육을 섞어서 만든다. 모양과 식감은 진짜와 똑같지만, 칼로리는 낮은 건강식품이다. 냉동이 가능하므로 미리 만들어 보관할 수도 있다. 장어 '껍질'에도 신경을 썼다. 보통 구이용에는 김을 사용하는 경우가 많지만, 특허 기술을 이용해 페이스트로 만든 해조와 해조 추출물을 사용하여 뱀장어 껍질의 모양과 식감을 생생하게 재현했다.

### · 인공 장어를 맛있게 먹을 수 있는 레시피

여기에서는 '인공 장어'를 맛있게 먹을 수 있는 레시피를 소개하려고 한다.

재료: 참치 캔(L) 1통, 흰자 1개, 두부(부침용) 300g, 참마 가루 5g, 김 2장.

*가쓰오 국물 2큰술, 청주 2큰술, 간장 1과 2분의 1큰술, 설탕 1큰 술, 미림 2큰 술 , 생강(튜브 형태) 1cm.

김은 1장을 8등분한다. *은 하나로 섞어 둔다.

1. 참치는 기름을 빼고, 두부, 참치, 참마 가루, 달걀 흰자위는 절구로 빻아서 섞는다. 페이스트 형태로 만들면 좋다.
2. 김 위에 1을 두께 1cm 미만 정도로 해서 올린다.
3. 팬에 기름을 가열, 김 부분의 반대쪽부터 굽는다. 약한 불로 줄여 뚜껑을 덮고 살짝 탄 자국이 날 때까지 굽는다. 반죽이 굳어져 탄력이 나오면 반대로 돌려 굽는다.
4. 중불에 김과 반죽 부분의 습기를 날아가게 하면서 자국이 날 때까지 맛있게 구워지면, *를 넣는다. 눌러 붙지 않을 정도의 화력으로 수분을 날리면서 윤기가 나올 때까지 차분히 계속 굽는다.
5. 거의 다 구워졌을 때 앞뒤를 돌려 가며 양념을 묻힌다. 그릇에 담으면 인공 장어구이가 완성된다. 양념을 듬뿍 넣어 인공 장어 덮밥을 만들어 먹어도 맛있다.

### 식품 원재료(인공 장어)

참치, 달걀 흰자, 두부, 참마 가루, 김, 가쓰오 국물, 술, 간장, 설탕, 미림, 생강.

## 돼지고기, 닭 간 등으로 만든 **푸아그라**

닭 간 등으로 만든 푸아그라

푸아그라는 세계 3대 진미로 유명한 음식 재료로 프랑스어로 '푸아(foie)'는 '간'을, '그라(gras)'은 '기름진, 비대한, 뚱뚱한'을 의미한다.

푸아그라는 거위나 오리에게 강제로 사료를 먹여 지방간을 인공적으로 만들어 낸 것이다. 이 때문에 강제 비육으로서 동물 학대에 해당한다며 동물보호단체 등을 중심으로 생산 및 판매를 금지하는 움직임이 확산되고 있다.

한편 돼지고기를 중심으로 푸아그라의 지방, 마데이라주 등으로 맛을 내 푸아그라풍으로 만든 인공 푸아그라가 있다. 거위의 푸아그라보다 조금 더 담백하고, 당연히 가격은 싸다. 본고장인 프랑스의 푸아그라 업체에서는 진짜 푸아그라 외에 푸아그라풍의 식품을 생산하기도 한다.

### · 소테, 테린은 버터, 생크림으로

인공 푸아그라로 소테*를 만드는 방법은 닭 간 100g, 수분을 제거한 연두부 1/2모, 달걀 1개, 녹말가루 1큰술, 무염 버터 20g, 밀가루 적당량, 소금, 후추, 마데이라주, 발사믹 식초를 모두 믹서에 넣고 갈아 푸딩컵 등에 넣고 찐다.

속까지 잘 익으면, 푸딩컵을 뒤집어서 내용물을 빼내어 모양을 만들고 소금, 후추를 뿌린 다음 밀가루를 얇게 입혀 프라이팬에 살짝 튀긴다. 양쪽 모두

* 고기나 채소 등을 기름이나 버터로 볶거나 굽는 서양식 조리법.

ᘓ 닭 간 등으로 만든 푸아그라 소테 ᘐ

알맞게 익으면, 마데이라주와 발사믹 식초를 같은 양으로 붓고 졸인 다음 소금을 뿌린 뒤 버터로 마무리한다.

인공 푸아그라의 테린*은 우선 버터에 양파를 볶는다. 기호에 따라 마늘을 넣어도 좋다. 잘 익도록 얇게 썬 닭 간을 함께 타지 않도록 볶는다.

닭 간은 볶기 전에 우유 등으로 핏물을 제거한다. 소금물과 브랜디를 이용해도 괜찮다. 핏물을 제거할 때 월계수 잎을 넣어도 좋다.

익으면 버터를 더 넣고, 버터가 녹으면 불을 끈 뒤 믹서기에 넣고 분쇄한다. 양파와 간이 잘게 부서지면 생크림을 넣는다. 생크림의 양은 굳어진 정도를 보면서 조절하는데 거의 1팩을 여러 번으로 나눠서 넣는다. 그러면 부드러운 인공 푸아그라처럼 된다. 이것을 틀에 넣고 냉장고에 식혀 굳히면 인공 푸아그라 테린이 완성된다.



## 프랑스인이 일 년 내내 즐기는 음식

푸아그라는 파테(Pate)로 가공하거나 부드러운 빵에 발라 먹거나 살짝 튀겨 먹는 것이 일반적이지만, 송로버섯이 들어간 파이 요리 소재로도 사용된다. 푸아그라와 송로버섯을 얹어서 구운 스테이크는 로시니풍 투르느도 스테이크(tournedos steak)라고 불린다. 프랑스에서는 전통적으로 소테른 등 당도가

---

* 잘게 썬 고기나 생선 등을 그릇에 담아 단단히 다져지게 한 뒤 차게 식힌 다음 얇게 썰어 전채요리로 내는 음식.

높은 와인과 함께 먹는다.

이전에는 프랑스인들이 크리스마스나 새해 전야 만찬에서만 먹는 별미였지만, 최근에 생산량이 증가했기 때문에 점점 흔한 음식이 되고 있다. 프랑스에는 일 년 내내 푸아그라를 먹는 지역도 있다.

**식품 원재료**(닭 간으로 만든 푸아그라)

닭 간, 두부, 달걀, 녹말가루, 무염, 밀가루, 소금, 후추, 마데이라주, 발사믹 식초, 버터.

## 곤약으로 만든 **생간과 육회**

고깃집에서 제공하는 인기 메뉴 중 하나인 생간은 소·돼지·닭 등을 사용하는 경우도 있지만, 일반적으로는 소의 간을 가리킨다. 어류의 회처럼 간장·소금·참기름·생강·마늘·파 등의 조미료를 찍어 먹는다.

소의 생간은 살균 방법이 확립되지 않아서, 식중독에 걸릴 가능성이 높다고 여겨진다. 그래서 생으로 먹어도 절대 안전한 재료인 곤약을 사용한 유사식품이 개발되고 있다.

이것은 곤약을 원료로 만든 신소재를 이용하여 생간을 쏙 빼닮은 맛과 식감을 실현한 것이다. 독자적인 탈알칼리 기술(제법 특허)을 이용하여 곤약 특유의 비린내를 없앤 신소재를 직사각형 모양으로 자른 뒤, 생간과 비슷한 맛을 내기 위해 어장, 양조 식초, 어패류 추출물, 다시마 즙 등을 첨가했다.

## 저칼로리에다가 식물섬유 풍부

소의 간과 비슷한 모양을 만들기 위해 토마토 색소, 오징어 먹물 색소를 이용해 비슷한 색을 만들고, 양념과 참기름을 발라 식감과 맛을 생간과 똑같이 완성했다. 이것은 고깃집 이외에 술집이나 호텔, 레스토랑 등에 영업용으로 폭넓게 판매되고 있다.

제품의 특징은 소의 생간과 똑같은 맛과 식감을 즐길 수 있다는 것이다. 소재가 곤약이라서 식중독에 걸릴 염려가 없다. 상온에서 90일간 보존할 수 있어 영업용으로 사용하기도 좋다. 봉투 안의 물기를 빼면 준비 작업(떫은 맛 제거)과 조리 가공을 거치지 않고 바로 사용할 수 있다. 진짜 생간이 가진 영양가는 없지만, 칼로리가 적고 식물섬유가 풍부하다.

## 곤약으로 만든 대용 육회



육회는 일본에서도 고깃집의 단골 메뉴이다. 그 외 각종 요리점에서는 다양하게 응용하여 소의 혀, 소 내장, 닭고기, 다랑어, 가다랑어, 말고기로 육회를 만드는 경우도 있다.

∞ 곤약으로 만든 생간 ∞

육회는 고기를 생으로 먹는 것이어서 장출혈성 대장균, 살모넬라균 등에 감염될 가능성이 있다고 하지만, 큰 덩어리 고기를 사용하고 표면 처리 작업(트리밍)을 하면 세균 감소 효과가 있다고 한다.

일본에서는 고깃집에서 육회에 의한 식중독 사건이 터진 뒤 생식용 고기의 취급이 어려워졌다.

### · 다이어트에도 최적

그 사이 곤약 뿌리를 사용한 대용 육회가 개발됐다. 겉모습은 진짜 육회에 가깝지만, 식감이 진짜보다 약간 탱탱하다. 곤약에는 글루코만난이라는 것이 포함되어 있는데 이것은 노폐물과 암세포 등을 만들어 내는 유해 물질을 흡착하면서 장내에서 이동하고 배설한다. 이 때문에 변비 해소 및 대장암 예방에도 효과가 있다. 또 글루코만난에는 장이 콜레스테롤과 당질을 흡수하는 것을 억제하는 기능이 있어 동맥 경화, 고혈압, 당뇨병의 예방에도 도움을 준다.

아주 적은 칼로리로도 포만감도 얻을 수 있으므로 체중 감량을 목표로 하는 사람에게 안성맞춤이다.

### ✋ 식품 원재료(생간)

간장, 설탕, 미림, 곤약 분말(국산), 환원 물엿, 시로다시(白だし), 소금, 어장(생선을 원료로 한 액체 조미료), 양조 식초, 어패류 추출물, 포도당과당액당, 다시마즙, 검은 당밀, 효모 추출물, 가공 녹말, 산미료, 토마토 색소, 오징어 먹물 색소, 조미료(유기산 등), 젖산 칼슘, 산화 방지제(V.C), 알코올.

## 곤약으로 만든 웰빙 **라면, 파스타**

저칼로리 다이어트 식품으로서 곤약을 소재로 한 식품이 시장에 등장했는데 식물섬유의 유효성이 인정되어 오늘날에는 광범위하게 시장을 형성하고 있다. 식물섬유가 당질 제한이나 칼로리 조절 등 건강 관리에 도움이 되기 때문이다. 곤약을 소재로 한 식품으로 곤약 파스타, 곤약 라면 등 곤약으로 만든 면, 파스타 상품의 인기가 높다.

파스타를 만드는 방법은 우선 곤약 파스타를 5분 정도 삶아 소쿠리에 넣고, 따뜻한 물을 흘려 보낸 뒤 물기를 잘 닦는다. 접시에 담아내고 아라비아타, 까르보나라 등의 소스를 뿌려 완성한다.

라면은 간장, 된장, 돈코츠 맛 스프로 맛을 낸 국물에 삶은 곤약 면을 넣고 그 위에 구운 돼지고기, 말린 죽순 등을 올리면 진짜 라면처럼 보인다. 야끼 소바도 이와 같이 만들 수 있다.

이 외에도 일본풍 카레 스프가 들어있는 곤약 카레 우동은 담백한 국물에 톡 쏘는 매운맛과 가쓰오부시 국물 맛이 일품이다.

· 여름철에는 한국식 곤약 냉면

메밀가루가 들어간 곤약 면으로 만든 한국식 냉면은 김치 맛 스프가 들어 있는 여름 음식의 별미이다.

**식품 원재료**(곤약 파스타)

곤약 제분, 대두 분말, 전분, 수산화칼슘, 카로틴 색소.

## 물과 식품첨가물로만 만든 **과즙 주스**

일본에서는 과즙 100%로 만든 과실 음료만 '주스'라고 표시할 수 있다. 과즙 10% 이상 100% 미만인 경우는 '주스'가 아닌 '과즙 ○○%가 들어간 음료'라고 표시해야 한다.

5%이상 10% 미만의 경우는 '과즙 10%미만', 5% 미만의 경우는 '무과즙' 또는 '과즙 0%'라고 표시해야 한다.

'청량음료'의 경우도 5% 미만의 과즙을 사용하고 있어도 '무과즙'으로 표기한다. 품질 표시란에 '과즙 1%' 등과 같이 표시하는 청량 음료수도 있다.

일반적으로 시판되는 농축 환원 과즙 또는 생과즙이라고 표기한 주스의 대부분은 가열 살균 등의 처리로 인해 비타민 등 영양소가 감소한 것이 많고, 실제로 가정에서 믹서기 등을 이용해서 만드는 주스에 비해 영양소가 현격히 떨어진다.

· 주스라고 할 수 없는 주스

그리고 시장에는 물과 식품첨가물만으로 만들어진, 주스라고 할 수 없지만, 주스로 여겨지는 상품이 있다. 이것들은 물에 색소, 산미료, 감미료, 향료를 넣어 만든다. 사용하는 색소는 천연 식물이나 벌레로 만든 것도 있지만, 석유를 쓰는 경우도 많다. 산미는 아스코르브산, 구연산을, 단맛은 포도당과당액당 등을 사용한다. 거기에 분말 셀룰로스를 더하면 과즙과 비슷하게 만들어진다고 한다.

**식품 원재료**(대용 주스)

물, 색소(황색 4호), 향료, 아스코르브산, 구연산, 포도당과당액당.

## 양조 알코올을 혼합하여 증량한 **청주**(日本酒)

본래 청주는 쌀과 쌀 누룩을 효모로 발효시켜 만든 준마이슈(純米酒)이다. 그러나 제조 과정에서 발효하는 데 시간이 많이 걸리고 비용도 많이 들어서 양조 알코올을 혼합하여 증량하는 것이 일반 청주의 주류가 되었다. 양조 알코올은 시원한 맛을 내거나 향을 내기 위해서 거르지 않은 술에 혼합한다

청주는 '보통 술'과 '특정 명칭 술'로 나눈다. '보통 술'이라 불리는 것은 본래 술에 양조 알코올이나 당류 이외에 기타 여러 가지가 섞인 술이다. '특정 명칭 술'은 알코올을 첨가하고 맛을 갖춘 혼조조슈(本醸造酒), 특별 혼조조슈(特別本醸造酒), 긴조슈(吟醸酒), 다이긴조슈(大吟醸酒)와 알코올을 첨가하지 않은

준마이슈(純米酒), 특별 준마이슈(特別純米酒), 준마이긴조슈(純米吟釀酒), 준마이다이긴조슈(純米大吟釀酒)로 크게 나눈다. 생산량의 80% 이상이 보통 술, 나머지 20%가 특정 명칭 술이다.

양조 알코올이 혼합된 술이라고는 하지만, 보통 술이 특정 명칭 술에 비해 입에 잘 당긴다. 확실히 특정 명칭 술이 고급이지만, 날마다 마시는 반주에는 마시기 쉽고 저렴한 보통 술이 적당하다.

### · 청주의 원점은 생주

또 화입(빚은 술을 가열해 살균 처리를 함)을 하지 않은 술은 '생주'로서 인기가 있다. 신선하고, 향도 화려하며, 미세한 발포감이 남아 있어 목 넘김도 좋다.

화입을 하면 술의 미세한 부분이 사라진다. 생주는 화입을 하지 않으므로 저장 관리만 철저히 한다면 화입을 한 술에서는 느낄 수 없는 맛을 느낄 수 있다. 다만 청주는 화입을 하지 않으면 품질이 금방 나빠지므로 특히 올바르게 보존 관리를 해야 한다.

한편 '생주'는 맛이 거칠고 저장·숙성을 거친 술에서 느껴지는 깊은 맛 등이 부족하지만, 화입 공정을 거친 술에서는 이러한 매력을 느낄 수 있다.

청주는 당분이 많고 열량이 높아

ꕤ 청주 ꕤ

서 살찐다고 하는 사람도 많지만, 당은 알코올 분해 과정 중에 생기기 때문에 소주, 맥주, 와인도 마찬가지이다.

### ▪ 프랑스 요리와 잘 어울리는 청주

본래의 청주는 매우 부드럽고 숙취도 하지 않으며 어느 음식과도 잘 조화를 이룬다. 와인은 신맛과 떫은맛이 특징인데, 이러한 특성 때문에 특정 요리와 함께 먹어야 한다. 프랑스 요리에는 훈제 연어를 자주 사용하지만, 훈제 연어와 와인을 같이 먹으면 훈제 연어의 맛이 사라지기에 전혀 맞지 않는다. 그러나 청주는 훈제 연어의 맛을 더하면서 술의 장점도 살린다.

이렇게 프랑스 요리에는 와인보다 청주와 궁합이 맞는 것이 많다. 요즘엔 프랑스의 삼 성(별 세 개 달린) 레스토랑에서도 프랑스 음식과 잘 어울리는 청주를 계속 취급하고 있다. 서양에서도 청주는 일본 음식점 뿐만 아니라 일반 바 등에서 마실 수 있다. 게다가 청주 제조 과정에서 생기는 주박(술 지게미)도 설탕이나 소금을 더한 맹물에 녹여 음용하고 가즈즈케(粕漬け)*나 술지게미를 넣은 된장국 등 요리에 이용한다.



### ✋ 식품 원재료(양조 알코올을 혼합한 청주)

쌀, 쌀 누룩, 양조 알코올, 당류, 산미료.

---

* 고기 또는 채소를 지게미나 미림(味醂) 찌끼 등에 절인 것.

## 청주와 같은 풍미의 저가주 **합성 청주**

합성 청주는 쌀이 귀하던 시절에 연구되었다. 일부 기술이 제조 기간을 단축시켰고 제조 비용이 저렴하다는 이유로 유통된 것이다. 그 뒤 합성 청주는 3배 증양(增釀) 청주에 쓰였다. 현재 점유율이 한정되어 있긴 하지만 생산은 계속되고 있다.

합성 청주는 알코올에 당류, 유기산, 아미노산 등을 더해 청주와 같은 풍미로 만든 알코올 음료이다. 현재는 맛을 내기 위해 양조된 일본 청주의 성분도 어느 정도 함유된 경우가 많다.

주세법에서는 합성 청주를 알코올, 소주, 포도당, 쌀, 보리 등을 원료로 제조한 주류로서 청주와 비슷한 것이라고 정하고 있는데 사용할 수 있는 쌀의 중량은 알코올 성분 20도로 환산한 중량의 100분의 5를 넘지 않아야 한다.

ꕥ 다채로운 디자인의 청주 ꕥ

· 청주를 연상시키는 표현

합성 청주는 청주에 비해 주세 세율이 낮아서 가격이 저렴하기에 현재도 청주 대용으로 보급되고 있으며, 맛술로도 자주 사용한다. 또한, 일본에서는 주세법상 합성 청주의 알코올 도수는 '16도 미만'이어야 한다. 법령이나 지시에 의하여 소비자가 합성 청주를 청주와 혼동하지 않도록 표시하는 것이 생산자에게 의무화되어 있다. 하지만 일각에서는 '합성 청주' 혹은 일부러 가나 문자로 '합성 청주(ごうせいせいしゅ)'라는 문자를 배경색과 비슷하게 표기하여 알아보기 어렵게 하거나 '명주', '탁주' 등 청주를 연상시키는 표현을 사용함으로써 소비자가 청주라고 오인하여 구입하는 것을 겨냥한 듯한 상품이 존재한다.



✋ 식품 원재료(합성 청주)

양조 알코올 · 쌀 · 쌀누룩 · 당류 · 청주 지게미 · 단백질 물질 분해물 · 조미료(아미노산 등) · 산미료.

## 맥아 사용률을 낮춰 저렴하게 만든 맥주 **발포주**

발포주

세계 대부분의 나라에서 맥주는 알코올 성분이 낮아 주세가 낮지만, 일본은 매우 높다.

발포주는 이러한 주세법을 역으로 이용해 맥아 함유율을 낮춰 주세 부담을 경감한 것으로 발매 당시에는 절세 맥주라고 불렸다. 제조 방법은 맥주와 같고, 알코올 도수도 맥주와 같다.

본고장인 독일 맥주는 맥아, 홉(hop), 물로 만든 것이지만, 일본의 맥주는 마시기 쉽도록 쌀, 옥수수 등을 부원료로 사용한다.

발포주는 세제(稅制)상 맥아 비율에 따라 '50% 이상', '50% 미만~25% 이상', '25% 미만'의 3단계로 나뉘어 있는데 주세는 '25%미만'이 가장 낮고 그 비율의 발포주가 상품화되고 있다.

겉모양과 마시는 느낌이 맥주와 거의 흡사하다. 가정에서나 음식점에서도 애용하고 맥주처럼 통에 든 영업용도 판매한다.

so 맥주 cs

· 과일 맥주도 발포주

주세의 기준이 '맥아의 사용량'인 것에서 알 수 있듯이, 맥아를 사용하지 않고 맥주 특유의 맛을 내는 것은 대단히 어렵다. 그러나 1990년대에 맥아 사용량을 줄여도 맥주와 맛이 비슷한 제품을 만드는 기술이 확립되어, 대기업 브랜드는 모두 이 범주의 제품을 내놓았고 시장은 계속 확대되었다. 당초 '맥주의 모조품인 발포주는 발매하지 않겠다'라고 표명했던 기업도 발매할 수밖에 없었다.

맥아 비율이 낮거나 보리·물·홉과 정해진 부가적인 원료 이외의 것을 사용한 발포성 주류도 일본에서는 발포주로 분류된다. 그래서 향신료나 허브를 이용한 맥주나 과일, 과즙을 이용한 과일 맥주도 발포주로 구분된다. 맥주보다 가격이 저렴하지만, 맛이 연하고 쓴맛과 맥주 특유의 맛이 부족하다는 평가도 많다. 그러나 여성이나 술을 즐기지 않는 사람들은 맛이 연해서 마시기 쉽다고 평가한다.

발포주도 웰빙을 겨냥해 '칼로리 오프', '다이어트'를 주제로 한 상품이 개발되어 맛과 저칼로리를 실현한 '다이어트 생(ダイエット生)' 등이 판매되고 있다.

### · 소비 시장의 축소화

또 발포주에서 '생(生)'의 정의는 맥주(생맥주)의 정의와 마찬가지로 '열 처리를 하지 않은 것'에 해당한다. 그러나 표시에 관해 '맥주 표시에 관한 공정 경쟁 규약'에 해당하지 않고 별다른 규약이 없어 맥주와 같이 '열 처리를 하지 않았다는 표기(비가열 처리 등)'는 하지 않고 있다.

한편, 발포주 시장은 1994년 시장 형성 이후 2000년대 초반까지 점유율이 확대되면서 맥주의 매출은 감소했고 알코올 음료가 잘 팔렸다. 그러나 두 번의 주세 개정(증세)이나 제3의 맥주 등장으로 발포주의 가격이 저렴하다는 인식은 점점 사라졌고, 맥주 회사의 사업 방침 변화로 2000년대 후반 이후 시장이 축소되고 있다.



### ✋ 식품 원재료(발포주)

맥아, 홉, 보리, 쌀, 옥수수 녹말, 당류

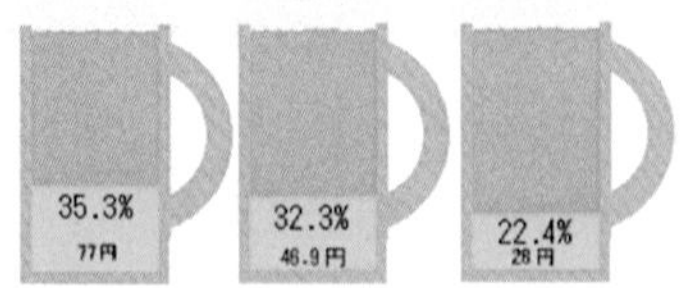


맥주 발포주 제3의 맥주

| 1캔(350㎖) | 소매가격 | 세금 | 잔액 |
|---|---|---|---|
| 맥주 | 218엔 | 77엔 | 141엔 |
| 발포주 | 145엔 | 46.9엔 | 98.1엔 |
| 제3의 맥주 | 125엔 | 28엔 | 97엔 |

## 맥아를 사용하지 않은 맥주 같은 음료 **제3의 맥주**

제3의 맥주

'제3의 맥주(第３のビール)'는 발포주보다 더 낮은 주세를 위해 맥아를 사용하지 않고 만들어진 것이어서 법률상 그 외의 양조주로 분류돼 맥주, 발포주와는 전혀 다른 음료이다.

발포주에 다른 알코올 음료(스피리츠〔spirits〕나 소주)를 섞어 만드는 방법도 있어 이것을 리큐어로 분류한다. 업체들은 맛을 추구하기 위해 이러한 방법을 사용한 거라고 말한다. 그러나 맥주를 의식해 만든 상품이기에 외형과 맛은 맥주와 비슷하고, 용기 디자인도 맥주를 연상시킨다. 또 '거품'이나 '보리', '홉' 등의 단어를 상품명에 사용하거나, 디자인으로 활용한 상품도 많다.

### • 언론이 호칭

'제3의 맥주'라는 이름은 발포주를 뒤따라 개발되면서 언론 등이 지은 것이다.

맛은 맥아 대신 옥수수, 완두콩 단백질, 대두 단백질, 대두 펩티드 등이 원료로 쓰여서 다양하다. 알코올 성분은 맥주, 발포주와 같다.

'프라임 드래프트' 등의 한국산 '제3의 맥주'도 일본에 들어와 있다. 한국과 일본의 맥주 회사가 공동으로 개발하여 맛도 일본산과 다름없으며 판매 가격은 저렴하다.

한국산 '프라임 드래프트'

### ✋ 식품 원재료(제3의 맥주)

당류, 홉, 물, 옥수수, 완두콩 단백질, 대두 단백질, 대두 펩티드.

## 겉모양이 맥주와 아주 비슷한 음료 **홋피**(ホッピー)

홋피는 1948년에 발매된 맥주 모양의 청량 음료(탄산 음료로서 맥주 맛 음료의 일종)이며, 알코올 성분을 약 0.8% 함유하고 있다. 소주에 홋피를 섞은 음료도 홋피라고 부른다.

소주(알코올 25도)와 홋피를 1대 5로 섞으면 알코올 도수 약 5%의 음료가 된다. 가게에 따라서는 소주를 더 많이 섞기도 하며, 또한 갑류(甲類) 소주*를 사용하는 것이 '맛있게 마시는 법'으로 알려졌다.

흑맥주같은 홋피 블랙(고소함 속에 쓴맛과 단맛이 조화를 이룬다)도 존재한다.

이름의 유래는 '진짜 홉을 사용한 진짜 논 비어(本物のホップを使った本物のノンビア)'의 의미를 담아서 홋비라고 명명했으나 발음하기 어려워 홋피가 되었다고 한다. 병 디자인은 미국

홋피

* 한국에서 보통 마시는 소주처럼 당밀을 증류하여 에틸 알코올을 만든 후, 물과 혼합하여 알코올 도수를 25도 정도로 만든 것이다. 특유의 향이나 맛이 약하고 저렴한 가격으로 제조가 가능하다.

의 맥주병과 모양이 비슷하다. 쇼와 20년대에 홋피가 너무 많이 팔려 당시 병으로 사용했던 유리병이 부족했다고 한다. 이때, 아카사카의 주둔군 병사가 자주 마셨던 미국 맥주병을 주목하였고, 그것을 입수하여 홋피병으로 사용하기 시작했다.

## ▪ 술집에서는 아직도 잘 팔리는 음료

홋피를 판매하던 당시는 맥주가 그림의 떡이었기 때문에 맥주 대용품으로 '소주를 섞은 음료' 홋피가 폭발적으로 팔렸고, 총 3번의 홋피 붐이 일어났다. 아직도 도쿄 등의 변두리 술집에서는 잘 팔리는 상품이다. 선술집 등에서는 보통 소주를 넣은 글라스나 맥주잔과 함께 병에 든 홋피가 제공되며, 손님이 글라스나 맥주잔에 홋피를 부어 마신다. 그럴 때 소주를 '안', 홋피를 '밖'이라고 부르는 게 보통이다.

이것을 배경으로 '도쿄의 맛', '흘러간 옛 맛', '쇼와의 맛'과 같은 정서적인 미각 표현을 사용하기도 했다. 또한, 맥주와 사와(발포주와 소주를 섞은 음료)에는 없는, 홋피 특유의 맛을 만들어 내기 위한 원재료와 독자적 노하우를 이용해 제조하고 있다.

## ▪ 홋피에 대한 여성의 지지율도 상승

홋피는 맥주에 들어있는 푸린체가 없고, 비타민과 필수 아미노산 등 각종 성분이 포함되어 있으므로 소주와 섞어 마시는 것 중 가장 건강한 재료이다. 어떤 술과 섞어 마셔도 궁합이 좋다. 또 영업용 병의 복고풍 디자인이 세련미 넘치고, 쓴

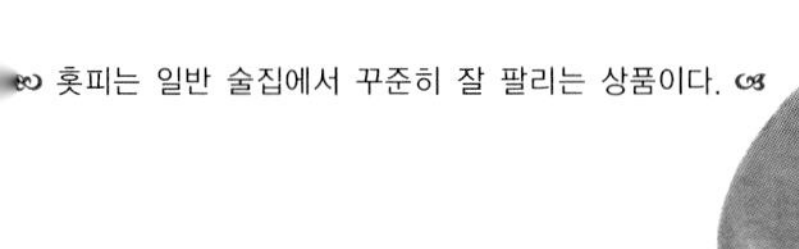

∞ 홋피는 일반 술집에서 꾸준히 잘 팔리는 상품이다. ∞

맛이 적어 마시기 쉬우며, 원하는 알코올 농도로 조절할 수 있다는 등의 이유로 2000년대에는 여성의 지지도가 상승하고 있다.

주세법상 취급에 대해서 홋피는 일본의 예전 주세법 시대에 그 제조법을 허가받았으므로 공정 중에 제품 알코올 농도가 1%를 초과하는 등 현행 주세법에서는 받아들여지지 않는 방법으로 유일하게 제조가 가능하다. 제품에는 0.8%의 알코올 성분이 포함되어 있지만, 1% 미만이므로 청량 음료로 취급된다. 하지만 알코올이 포함되어 있으므로 음용자의 체질이나 마신 양에 따라 알코올 농도가 상승해 음주 운전이 될 수 있다.

### ✋ 식품 원재료(홋피)

맥아, 가루 엿, 포도당, 녹말, 홉, 산미료, 조미료(아미노산 등).

# 제3장

# 일본의 재밌는 식품



비싼 음식이 아니더라도 때로는 근처에서 구할 수 있는 재료를 이용한 요리로 사람들의 입을 즐겁게 할 수 있다. 동서고금을 막론하고 기술이나 자연이 낳은 특징적인 식품은 항상 사람들 사이에서 화제가 되어 왔다.

## '검은 달걀' 하코네 오와쿠다니(箱根大涌谷)의 명물

하코네 오와쿠다니의 지열과 화산 가스의 화학 반응을 이용해 만든 것이

ꕤ 오와쿠다니의 온천물 성분이 달걀을 검게 만든다 ꕤ

'검은 달걀'이다. 처음에는 약 80도 온천에서 60분 정도 차분하게 달걀을 삶는다. 달걀을 온천에서 삶으면, 기공이 많은 껍질에 철분(온천 연못의 성분)이 붙는다. 이에 황화수소가 반응해 황화철(흑색)로 껍데기가 검은 달걀이 된다. 이 검게 변한 달걀을 솥으로 이동해, 약 100도의 증기로 15분 정도 찌면 된다. '검은 달걀'은 하산하는 길가에 자리잡은 매점에서도 판매하는데 온천에서 전용 로프 웨이로 나른다.

### ▪ 먹으면 수명이 7년 길어진다

오와쿠다니에는 가마쿠라 시대에 만들어졌다고 알려진 연명지장존(延命地藏尊)이라는 지장보살이 있는데 이 지장보살님을 닮은 '검은 달걀'을 먹으면 수명이 7년 연장된다고 전해진다. '수명이 7년 길어진다'라는 말에서 7이라는 숫자가 일곱 복신 등 길한 숫자로 인식되면서 언제부턴가 행운의 숫자로 전해지기 시작했다.

'검은 달걀'의 인기와 함께, 달걀을 담아 주는 소박한 디자인의 봉투도 숨은 인기 비결이다. 여행의 추억으로 이 봉투를 수집하는 사람도 많다.

### ▪ 온천 달걀이란?

온천 달걀은 반숙란의 일종으로, 노른자 부분은 반숙, 흰자 부분은 반 응고 상태인 삶은 달걀이다. 일부에서는 온도란(온도 달걀)이라고도 불린다. 또 온천물이나 증기를 이용해 달걀을 삶거나 찌면 그 상태와 관계없이 온천 달걀으로 불린다.

- 온천의 증기로 온천 달걀을 만드는 곳(기리시마〔霧島温〕 온천, 마루오〔丸尾〕 온천)

보통 반숙 달걀과는 달리 노른자보다 흰자위가 부드러운 상태인 것이 특징이다. 이는 노른자의 응고 온도(약 70℃)가 흰자위의 응고 온도(약 80℃)보다 낮은 성질을 이용해 만드는 것으로 65~68℃ 정도 물에 30분 정도 담가 두면 이런 상태가 된다.

솟아오르는 온천의 온도가 이 범위에 가까운 경우, 온천에 담가 두는 것만으로 만들 수 있기 때문에 온천지의 여관 등에서 식탁에 제공하는 경우가 많으며, '온천 달걀'이라는 이름으로 불린다.

- 온천에 담가 달걀을 만드는 곳(나가노 현 노자와 온천〔長野県野沢温泉〕)

이곳 달걀은 미리 껍데기를 깨고 그릇에 옮겨 육수와 간장을 섞은 것을 뿌려서 먹는 경우가 많다. 또, 면류, 돈부리 등의 토핑으로도 이용한다. 달걀으로 요리한 다른 어떤 것보다 소화 흡수에 뛰어나다.

- 우미지고쿠(海地獄)의 지고쿠* 삶은 달걀

달걀을 온천물로 데치거나 증기로 찌거나 한 것은 그 상태에 관계없이(반숙 상태가 아니어도) 온천 달걀로 불린다. 많은 온천지 주변에는 온천 증기와 물로 조리하는 모습을 손님에게 보여주면서 온천 달걀을 판매하는 가게가 많다. 강식염천(强食鹽泉)에서 삶은 경우, 달걀 자체에 간이 배어 있는 것도 많다.

---

* 온천에서 늘 뜨거운 물이 솟아오르는 곳.

· 라듐 달걀

후쿠시마 현 후쿠시마 시(福島県福島市)의 이자카(飯坂) 온천의 달걀은 이 온천에서 일본 최초로 라듐의 존재가 확인되었기 때문에 라듐 달걀이라고 불린다. 야마가타 현 요네자와 시(山形県米沢市)의 오노가와(小野川) 온천에도 라듐이 포함되어 있어 그곳에서 만들어진 달걀 또한 라듐 달걀이라고 불린다. 온천 마을에는 2개의 라듐 달걀을 만드는 욕조가 있어, 라듐 달걀을 만드는 체험도 할 수 있다. 오노가와 온천에서는 약 80도의 온천을 채운 욕조에서 라듐 달걀을 만드는데 선물용으로 인기있다.

· 아라유(荒湯)의 온천 달걀

유무라(湯村) 온천의 원천 '아라유'는 매우 고온의 온천(98℃)으로 10분이라는 짧은 시간에 온천 달걀이 완성된다. 방문한 사람 대부분이 달걀을 아라유에 익힌다.

· 운젠(雲仙) 지고쿠 달걀

지고쿠다니에서 나오는 증기로 찜통을 사용해 만들어 조금 유황 냄새가 나는 운젠 온천의 삶은 달걀이다. 함께 주는 소금은 보통 소금이 아니라 온천에서 직접 만든 소금이다. 보통 달걀을 레몬에이드와 함께 먹는 사람이 많다.

· 벳푸(別府) 온천 달걀

벳푸핫토(別府八湯) 중 지고쿠 솥을 이용할 수 있는 간나와(鉄輪) 온천, 묘반(明礬) 온천과 벳푸 지고쿠 주변의 각 지고쿠에서는 달걀을 온천에서 찌거나 삶은 것이 명물이다. 온천의 증기열을 이용해 지고쿠 솥에서 찐 '지고쿠 찐 달갈' 외에 우미 지고쿠에서는 98도의 코발트 블루색 온천에서 바구니에 담긴 달걀을 직접 담가 삶은 '지고쿠 삶은 달걀'이 명물이다.

## 일식의 하시야스메(箸休め)에 최적인 **매실장아찌 튀김**

매실장아찌 튀김

특별한 재료를 사용한 튀김 중에서 일반 튀김 모듬 속에서 가끔 발견할 수 있는 것이 매실장아찌 튀김이다.

매실장아찌 튀김은 하시야스메*로서 다른 튀김과 조금 다른 역할을 한다. 단지 튀김옷을 입히고 매실장아찌를 튀기는 것이 아니라 매실장아찌의 염분을 충분히 제거하고 거기에 달콤하게 맛을 낸 뒤 매실장아찌에 튀김옷을 입혀

* 식사 중 입가심을 위한 간단한 요리.

튀긴다. 이 때문에 평소에 시큼한 매실장아찌를 먹지 못하는 사람도 매실장아찌 튀김이라면 먹을 수 있다는 사람도 많다.

매실장아찌 튀김을 먹는 방법은 여러 가지가 있다. 달콤하게 맛을 내서 튀겨낸 뒤 시럽 등에 찍어 먹기도 하고 우동에 넣어 먹으면 깔끔한 맛이 일품인 매실장아찌 튀김 우동이 된다. 또 오차즈케에 매실장아찌 튀김을 넣어 으깨 먹는 것도 매실장아찌 튀김을 재미있게 먹는 법이다.

### ▪ 오래된 기름을 생생하게 되살린다.

매실장아찌 튀김과 궁합이 맞는 것은 푸른 차조기 튀김이다. 이것은 푸른 차조기에 튀김옷을 가볍게 입혀 금방 튀겨낸 것이다.

알칼리성을 띠는 매실장아찌를 오래된 기름에 넣으면 기름이 중화된다. 물론 매실장아찌를 넣는다고 새 기름처럼 되지는 않지만, 충분히 생생한 기름으로 바꿀 수 있다. 매실장아찌 튀김뿐만 아니라 다른 튀김을 만들 때에도 먼저 매실장아찌를 몇 개 넣어서 튀겨 보자. 기름이 순식간에 되살아나면 재료를 바싹 튀길 수 있다.



## 1300년의 역사를 가지고 있는 오사카의 명물 단풍잎 튀김

오사카에서 유명한 단풍잎 튀김은 무려 1300년의 역사를 갖고 있다. 옛날에 오사카 산에서 수행하던 사람이 단풍잎의 아름다움에 감동하여, 그 모습을 널리 알리고 싶어했다. 그래서 점화할 때 사용하던 유채 기름을 이용하여 단

풍잎을 튀김으로 만들고, 지나가는 사람들에게 나눠준 것이 단풍잎 튀김이 탄생한 유래라고 전해진다.

현재도 단풍잎 튀김을 만드는 방법과 튀김옷 등을 연구하고 있고, 단풍잎 튀김이 계속해서 만들어지고 있다.

이름은 단풍잎 튀김이지만, 튀김옷에는 설탕과 참깨가 첨가되어 조금 달고, 향기로운 냄새가 나므로 반찬으로서 먹기 보다는 간식으로 먹는 가린토(花林糖)*의 맛에 가깝다.

단풍잎 튀김은 처음 먹은 사람에게도 친숙한 맛으로, 튀김이지만 비교적 담백한 맛이다.



### · 식용 단풍잎을 육성

단풍잎 튀김에 사용하는 잎은 단풍잎이 물드는 가을에 여기저기 떨어지는 단풍잎을 사용하는 것이 아니라, 단풍잎 튀김을 만들기 위해 직접 기르고 수확한 식용 단풍잎이 대부분이다. 단풍잎 튀김은 부드러운 잎을 사용하여 만든다.

보통 단풍잎이 아름답게 물드는 가을에 수확하고 수확한 단풍잎을 소금에 절여 1년간 보관한다. 이와 같이 단풍잎을 소금에 절여 보관함으로써 단풍

---

* 막과자의 한 가지(밀가루에 물엿을 타서 되게 반죽하여 말린 다음 기름에 튀겨 설탕을 묻힌 것).

잎의 계절인 가을뿐만 아니라 1년 중 언제든지 단풍잎 튀김을 먹을 수 있다.

소금에 절인 단풍잎은 깨끗하고 투명한 색을 띤다. 단풍잎 모양을 망가뜨리지 않고 튀기기 위해서는 한 장 한 장씩 튀김옷을 입혀 기름에 넣는 꼼꼼하고 세세한 작업이 필요하다.

단풍잎에 튀김옷을 입히면 조금 부풀어 바삭한 느낌을 준다. 또한 모양도 아름다워 선물용으로도 안성맞춤이다.

## '도전(都電) 모나카' 서민이 좋아하는 복고풍의 전차 모나카

'도전 모나카'는 도시 전차 모양의 모나카이다. 도시 전차란 도쿄 시내를 달리고, 도쿄 도가 경영하는 노면 전차로, 통칭 '도전'으로 불린다. 예전에 도쿄 도 교통국 노면 전차가 발차할 때 '친친'과 같이 종소리를 울린 것에서 유래하여 '친친 전차'라고도 불린다.

최전성기에는 41계통 총길이 213km였지만, 자동차의 증가와 교통국의 경영 악화로 1967년부터 1972년에 걸쳐 181km 구간이 폐지되어 버스나 지하철로 전환되었다. 지금은 유일하게 아라카와 선(荒川線)만 남아 있다.

아라카와 선은 미노와바시(三ノ輪橋) 정류장에서 와세다(早稲田) 정류장까지 연결하는데 이 구간 사이에는 변두리 지역도 많고, 옛날 모습 그대로의 상점이 아직까지 남아있는 등 서민적인 분위기도 느낄 수 있어 사람들에게 친숙한 공간이다.

ꕤ 도전 모나카 ꕤ

· 한입에 못 먹는 크기

도쿄도 교통국 노면 전차 아라카와 선을 본뜬 모나카는 가지와라(梶原) 정류장 근처에 있는 '도전 모나카 본점 아케미 제과'에서 제조·판매되고 있다. 이 가게에서는 모나카를 1개, 2개라고 안 부르고 전철을 세는 단위인 '1량', '2량'으로 계산하고 있다.



10량이 들어있는 박스 표면에는 차고가 그려져 있고, 각각의 모나카가 든 상자에는 도시 전차의 그림이 그려져 있다. 이 상자를 열면 팥소와 규히가 들어있는 전차 모양의 모나카가 나온다. 한 입으로 먹을 수 없을 정도의 크기이다.

차고 모양을 한 상자보다 더 큰 상자에는 주사위 놀이와 주사위가 인쇄되어 있어, 맛과 재미 둘 다 즐길 수 있다.

ꕥ 도전 모나카를 판매하는 메이미(明美) 제과 ꕥ

ꕥ 도쿄에서 유일한 도시 전차 ꕥ

## 자자 벌레(ザザ虫) 신슈(信州)의 3대 진미 중 하나

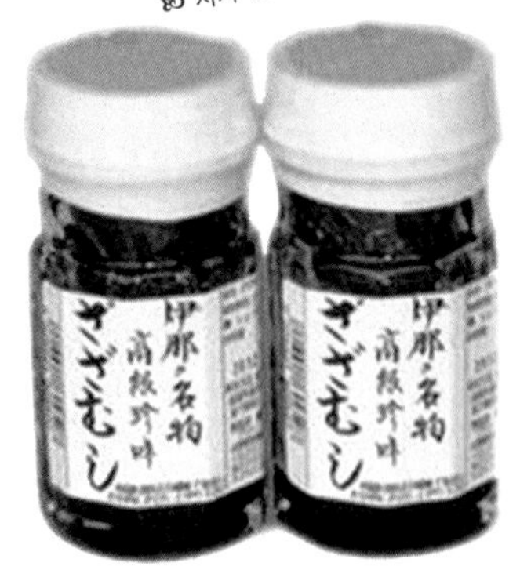


자자 벌레 조림

자자 벌레는 신슈 사람도 입에 넣는 것을 주저할 정도의 신기한 음식으로 신슈의 3대 진미 중 하나이다. 이것은 덴류 강(天竜, 나가노〔長野〕 현 남부에 흐르는 강. 스와 호에서 시작하여 태평양으로 흘러 들어간다)에 사는 날도래목, 강도래목, 잠자리 등의 유충을 사용한다.

자자 벌레란 말은 방언으로 콸콸(ザーザー, 자자) 흐르는 강에서 발견할 수 있어 이렇게 불리었다고 한다. 자자 벌레는 기름에 볶아 간장, 미림, 설탕 등으로 양념해서 먹는데 쫄깃하게 씹히고 고소하여 정말 맛있다.



덴류 강에서 고기잡이를 할 1~2월이 제철이다. 그러나 겨울철이라 고기잡이를 하는 사람도 적고, 강의 오염 등으로 어획량도 줄었기 때문에 점점 구하기 힘든 별미이다.

자자벌레는 덴류 강에서만 잡히는 특산품으로, 나가노(長野) 현 내에서도 난신 지구(南信地区)에서만 볼 수 있다. 좀 괴상하지만, 신슈의 남쪽(이나〔伊那〕, 이다〔飯田〕)의 기념품점에서는 신슈의 명물로서 판매하고 있다.

자자 벌레

#### ▪ 재료가 바뀌고 맛이 더욱 좋아진 자자 벌레

과거 하천에 수리 댐이나 사방 댐이 없었던 무렵에는 강도래 목의 애벌레가 주재료였다고 하지만, 현재 자자 벌레 조림으로 시판하는 것은 구로카와(クロカワ) 벌레라고 불리는 수염치레각날도래의 유충이다. 수염치레각날도래의 유충은 집 앞에 그물을 펼친 뒤 미끼로 유인해 수중의 플랑크톤과 디트리터스(detritus)를 잡아 먹는다. 이러한 미끼가 댐에 축적되어 물 속에서 늘어난 것이 이 종조성(種組成) 교대의 원인으로 생각된다. 자자 벌레는 과거 강도래목으로 만들었을 때보다 지금 수염치레각날도래로 맛이 더욱 향상했다고 한다. 판매하지는 않지만, 뱀잠자리의 유충도 지방에서는 '자자 벌레'로서 잡아 먹는다.

자자 벌레는 12월부터 2월까지 3개월 겨울 시기에 잡는다. 자자 벌레를 잡기 위해서는 텐류 강 상류 어업 협동 조합에 입어료를 내고 '벌레잡이 허가증' 취득을 해야 한다.



## 전통을 깨고 편리함을 추구한 **'뼈 없는 생선'**

뼈 없는 생선은 뼈를 뺀 생선 및 생선 토막이다. 만드는 방법은 냉동 생선을 해동 후, 핀셋 등으로 생선에서 뼈를 발라낸 뒤 흩어진 몸을 결합제로 붙여 모양을 갖추는 것이다. 완성 후에는 X선 검사로 뼈의 유무를 확인하는 업체도 있다.

일반적으로 갯장어는 잔가시가 많아 뼈 절단 작업이라고 해서 칼로 잔뼈를 잘게 절단하고 가시째 먹지만, 일부 일본 요리점은 갯장어의 잔가시를 하

뼈 없는 방어

뼈 없는 전갱이

나하나 빼낸다. 당연히 비용 절감을 노린 것들과는 다르게 가격이 비싸다.

뼈 없는 생선은 당초, 음식을 삼키는 기능이 쇠약해진 고령자, 환자용 음식으로서 특정 분야의 영업용이 주류였지만, 뼈를 신경 쓰지 않고 생선을 먹을 수 있다는 이점이 대중에게 좋게 받아들여졌다.

진동 때문에 식사할 때 신경쓰이는 열차의 식당차, 뼈 때문에 손님에게 불만이 제기되기 쉬운 외식 체인점 등에서도 도입되고 있다. 외식 산업에서 일정한 평가를 얻자 일반 소비자 대상으로 판매도 시작했다.

뼈 없는 생선 외에 생선 뼈를 제거하지 않고 뼈를 부드럽게 만들어 뼈까지 먹을 수 있게 만든 상품으로 '뼈까지 맛있는 생선'이 있다.

## 음식 문화에 대한 우려

뼈 없는 생선 자체는 이미 시메사바(シメサバ)* 등 가공품의 형태로 일반적으로 판매되기도 했다.

대상 어종의 확대와 특정 분야를 의식한 뼈 없는 생선의 시장 형성은 다이레이(大冷) 사가 1998년 영업용으로 상품화한 '뼈 없는 갈치'가 시작인 것으로 알려져 있다.

뼈가 없어 먹기 쉬우므로 편하게 먹을 수 있는 생선을 요구하는 소비자의 기대에 부응할 수 있다. 또 해산물 소비 확대나 고령자의 건강 증진과도 연결되어 다방면에서 좋은 평가를 얻을 수 있다. 그러나 소비자의 기호를 이해하면서도 음식 문화에 대한 악영향을 우려하는 평론가도 있어 반대하는 목소리도 높다.



* 고등어를 크게 두 조각으로 나누어 소금과 식초로 간한 것.

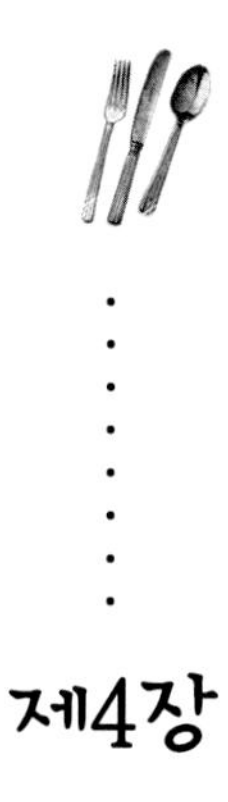

# 제4장

# 다이어트 열풍으로 주목받은 식품



식품을 통한 다이어트 효과 등이 텔레비전 프로그램에서 거론되면 소비자들은 쉽게 현혹하고 그 제품은 순식간에 품절된다. 일과성 붐도 많지만, 계속해서 살아 남은 식품도 있다.

## 데이터 조작 발각으로 큰 문제가 되기도 한 **낫토**

TV 프로그램에서 낫토의 다이어트 효과에 대해 방송한 후, 전국 각지에서 낫토가 매진되는 소동이 일어났다. 이것을 주목한 주간지에서 취재를 시작했는데, 조작으로 보이는 곳이 속출했다. 이에 주간지는 '낫토가 다이어트에 정말 좋은가?'라는 제목의 기사를 게재하고 방송국에 질문지를 보내 확인을 요청했다. 방송국에서 직접 조사한 결과, 실제로는 혈액 검사를 실시하지 않았음에도 불구하고 허위 데이터를 방송에 내보냈다고 발표, 아울러 방송을 중단하고 결국 사장단이 방송국을 대표해 사과했다. 이것은 뉴스와 신문에서 크게 보도되고 TV와 제작사 등이 각 언론의 비난을 받아 TV 계열사에까지 타격을 주었다.

다이어트 효과에 대한 방송 직후 낫토의 매출이 급증하고 소매점에서는 낫토가 품절되는 상황이 이어졌지만, 조작 보도로 인해 슈퍼에서 대량으로 발주된 낫토를 갑자기 취소하고 폐기 처분해야 하는 상황이 일어나고 말았다.



### · 낫토에 대한 이미지 하락으로 시장에 큰 타격

또 방송 내용을 담은 책을 출간했지만, 조작 문제가 커져 출하가 취소되고 서점에서도 철거(자주 회수)된 후 절판되었다. 낫토 브랜드들은 낫토의 발주가 평소보다 많아져서 서둘러 신문에 사과 광고를 게재하는 사태가 발생했다.

방송국의 실수로 낫토의 이미지가 나빠졌지만, 일본 전통 음식인 낫토에 건강 유지 효능이 있다는 것은 변하지 않는 사실이다.

· 낫토는 저녁에 먹어야 좋다

낫토는 보통 아침에 먹어야 좋다는 인식이 있다. 하지만, 오히려 저녁에 낫토를 먹으면 효과가 있다. 낫토의 키나아제는 혈전, 혈액 응고를 예방하는 효과가 있는데, 체내에서 약 8시간 동안 그 효과가 지속된다. 특히 수면 중에는 근육이 움직이지 않고 혈액이 굳어지기 쉬우므로 저녁에 낫토를 먹으면 효과가 좋다.

## 초저칼로리로 다이어트에 최적인 **우뭇가사리**

우뭇가사리

우뭇가사리는 100g당 3kcal로 열량이 매우 적고, 많이 먹어도 살이 찌지 않아 다이어트에는 최적이다. 이것이 TV 프로그램에서 거론되어 한때 우뭇가사리가 슈퍼마켓 등에서 불티나게 팔렸다. 그러나 다이어트 효과를 보려면 최소한 1개월은 지속적으로 먹어야 한다.

우뭇가사리는 초간장과 겨자를 함께 곁들여 먹는 방법이 일반적이지만, 같은 방법으로만 먹으면 금방 질려버리기에 다른 조리 방법도 개발하는 것이 좋다. 한 가지 방법으로만 섭취하여 금방 질려버린 사람들이 많아 우뭇가사리 다이어트 붐은 그리 오래 가지 않았지만, 아직도 일부 사람들은 꾸꾸하게 계속 먹고 있다.

우뭇가사리 그 자체의 칼로리는 거의 없다. 그리고 식물섬유가 많이 함유되어 있으므로 변비 개선 효과까지 기대할 수 있다. 또, 식물섬유는 1g당 100㎖의 수분을 흡수한다고 하는데, 그만큼 위에서 팽창하므로 포만감을 얻을 수 있다. 그리고 우뭇가사리는 설탕과 지방질의 흡수를 늦춰 다이어트 효과에 좋다.

### ・극단적인 섭취는 피하자

식사하기 전에 우뭇가사리를 섭취하면 우뭇가사리가 위에서 겔 상태로 변한다. 그 겔 상태의 우뭇가사리가 당질을 둘러싸고 당질은 위에서 장으로 천천히 이동한다. 그 결과 당을 몸에 흡수하는 속도가 완만해져 급격한 혈당치 상승을 억제하는 효과를 발휘하고 당연히 지방 축적이 어려워진다.



한편 우뭇가사리는 당 외의 다른 영양소의 흡수도 저해한다. 우뭇가사리에 들어있는 식물섬유를 대량으로 먹으면 변비를 해소하기는커녕, 장 안의 필요한 수분까지 빨아들일 가능성이 있다. 그러므로 극단적인 우뭇가사리 섭취는 피해야 한다.

## 아침 식사에 대한 새로운 제안 **바나나**

바나나 다이어트 방식은 지극히 간단하다. 아침에 바나나만 배부르게 먹고 물을 마시는 것이다. 하루 종일 바나나만 먹고 지내는 것은 아니다. 아침 식사를 바나나만 먹고, 점심과 저녁은 평소대로 먹는다.

바나나는 칼로리가 낮아 2개를 먹어도 200kcal밖에 되지 않으면서 포만감을 준다. 바나나로 다이어트를 할 수 있는 건 바나나에 포함된 '효소' 때문이다. 바나나에는 지방을 분해하는 효소가 많이 들어 있다. 다만, 이 지방을 분해하는 효소는 온도가 43도 이상 올라가면 망가져 버리므로 반드시 가공하지 않은 바나나를 먹어야 한다. 열이 가해지는 가공식품은 다이어트에 소용이 없고 생 바나나가 지방 분해를 돕는다.

또 아침에 바나나'만' 먹어야 한다는 것도 이 다이어트의 특징이다. 오전 중에는 전날 밤에 먹은 것을 여전히 소화시킨다. 그래서 바나나만 먹는 것이 위에 부담도 적고 소화 흡수에 좋은 효과를 발휘한다.

### • 대사를 향상시켜 주는 과당

바나나에는 식물섬유가 많이 들어있으므로, 아침에 바나나 다이어트를 계속하면 변비를 치유해주고 피부 상태도 좋아진다.

한편 바나나에 들어있는 '과당'이 다이어트에 중요한 역할을 한다. 자주 과일을 먹는다고 하면 과당으로 살이 찌는 것을 걱정하는 사람도 있지만, 과당은 대사를 높여 지방 연소를 촉진하는 역할을 한다. 비만의 원인은 과당이 아닌 백당으로, 백당과 과당은 전혀 다른 것이다.

다만, 바나나 다이어트도 영양면에서 보면 단백질이 부족하므로 물 대신 우유를 마시는 것이 좋다. 우유 1병을 마셔도 열량은 100kcal 정도니 살찌는 것을 걱정하지 않아도 된다.

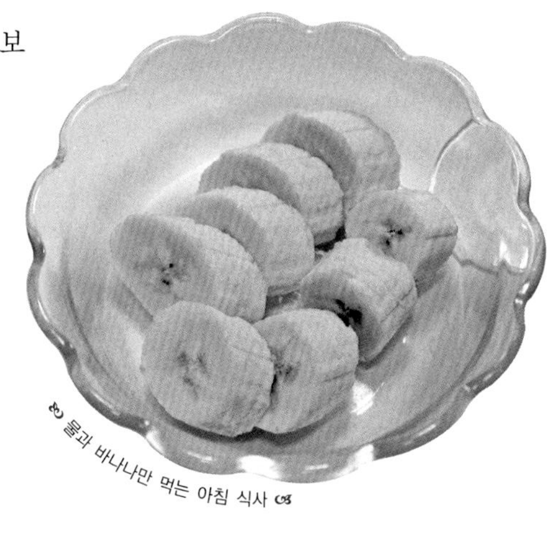

물과 바나나만 먹는 아침 식사

## 체중 감소 인자가 풍부한 **고등어 백숙 통조림**

☙ 고등어 백숙 통조림 ❧

슈퍼에서 고등어 백숙 통조림이 사라졌다. 그 이유는 한 TV 프로그램에서 맹물에 익힌 고등어 통조림에는 체중 감소 호르몬 GLP-1이 많이 포함되어 있다고 소개했더니 금새 팔린 것이다. 살이 찌거나 빠지는 것은 이 호르몬의 영향을 받는다고 한다. 식후에 이 호르몬이 많이 나오는 사람은 안 나오는 사람에 비해 살이 찌지 않는다. 스튜디오에 등장한 비만 치료계의 최고 권위자는 사람의 몸 속에 있는 호르몬 'GLP-1'은 필요 이상의 과식을 억제하는 호르몬으로, 소장을 자극하는 음식을 섭취함으로써 분비가 촉진되는데 그 음식이 식물섬유와 고등어 백숙이라고 말했다



한편 이 TV 프로그램에서는 날씬한 사람이 많다는 야마가타 현 무라야마시(山形県村山市) 사람들의 식생활을 소개했다. 슈퍼에서 쇼핑을 하는 이들의 공통적인 특징은 고등어 백숙 통조림을 사는 것이며, 고등어 백숙 통조림을 사용한 음식을 많이 먹는 것이었다.

### · EPA가 GLP-1분비를 촉진

체중 감소에 효과 있는 물질 'GLP-1'은 '인크레틴'이라 불리는 소화관 호르몬의 총칭으로, 췌장에서 인슐린 분비를 촉진하는 효과가 있다. 등푸른 생선에 많이 함유돼 있는

☙ 고등어 백숙 ❧

'EPA'가 'GLP-1'의 분비를 촉진시킨다.

'EPA'는 등푸른 생선에 많이 포함되어 있으므로, 고등어뿐만 아니라 정어리를 섭취해도 중성 지방의 흡수가 저해되어 살이 찌지 않는다.

이 외에 'GLP-1'의 분비를 촉진하는 것으로 카레의 색소인 우콘에 포함된 커큐민이라는 성분도 있다.

## 간수 – 과잉 섭취로 후생노동성으로부터 경고

식사와 함께 '간수'를 마시면 간수에 포함된 마그네슘을 비롯한 다양한 미네랄 성분이 건강하게 하고, 미용에도 좋다. 하루 섭취량 1.4~1.5 *l* 정도 물에 천연 간수의 경우 15~20방울 정도를 섞는다.

⁂ 다이어트 열풍에 힘입어 상품으로서 출시된 간수 ⁂

간수란 바닷물에서 얻어지는 염화 마그네슘을 주성분으로 하는 식품첨가물이다. 이것은 바닷물에서 소금을 만들 때 생기는 미네랄 성분을 많이 포함한 분말 또는 액체이며, 주로 전통적 제조법으로 두부를 만들 때 두유를 두부로 바꾸는 응고제로 사용한다. 그 외에도 조림 요리의 거품을 없애는 데 쓰인다.

간수의 주성분인 마그네슘은 설사약으로도 사용하기에 다량 섭취하면 설사를 하고 필요한 영양소의 흡수도 억제한다. 또, 간수의 과다 섭취는 신장에 부담을 준다. 실제로 TV 프로그램에서 소개된 '간수' 다이어트를 보고 간수를 마신 사람이 설사 등의 증상을 호소하는 상황이 잇따르면서 후생노동성으로부터 경고가 나오기도 했다.

· 대사 촉진 효과로 비만 개선



간수 다이어트를 할 때에는 간수와 물을 1 : 100 정도로 희석하여 마신다. 간수에 많이 포함된 마그네슘이 피부 미용 성분인 세라마이드의 합성을 도와준다. 또, 풍부한 미네랄 성분이 피부 대사에 작용하여 피부 정돈 효과를 기대할 수 있다. 또 간수에는 당질이 혈액으로 흡수되는 속도를 느리게 해서 혈당치의 상승을 억제하는 기능이 있으므로 당뇨병의 개선 · 저인슐린 다이어트 효과를 기대할 수 있다.

## 영양 만점·저칼로리·저지방의 **술지게미**

술지게미를 하루에 50g 정도 매일 섭취하는 다이어트 방법도 있다. 술지

술지게미

게미는 식혜를 만들어 마셔도, 요리에 넣어도 좋다.

술지게미는 술의 제조 공정에서 만들어지는 부산물로서 쌀과 누룩 등의 원료를 발효시켜 술을 짜낸 후에 남은 것이다. 이것은 많은 영양소를 함유하는데, 칼로리도 매우 낮고(50g당 약 110kcal) 지방분도 적다.

술지게미에 포함된 리지스턴트 단백질(Resistant protein)에는 식물섬유처럼 체내의 소화 효소로는 소화되지 않는 특징이 있다. 또 소장에서 여분의 지방질과 콜레스테롤을 흡수하고 그대로 배출되므로 쓸데없는 지방질을 제거해준다. 이러한 리지스턴트 단백질을 섭취함으로써, 체지방량과 콜레스테롤 수치가 저하되는 효과를 기대할 수 있다.

### · 혈당치 상승을 억제

술지게미에는 식물섬유가 풍부한데 이것은 혈당치 상승을 억제하는 작용을 한다. 혈당치가 오르면 인슐린이 분비되어 혈당을 지방으로 바꾼다. 하지만 식물섬유를 포함한 대부분의 식품은 혈당치가 잘 상승하지 않으므로 인슐린 분비가 과잉하지 않고 당질을 지방으로 바꾸지 않는다.

술지게미로 감주를 만들어 마실 수 있다

∞ 감주로 만든 셔벗 ∞

즉, 식물섬유가 풍부한 술지게미를 섭취함으로써 당질을 섭취해도 지방으로 바뀌지 않고 살이 찌지 않는다.

또, 식물섬유는 장 내부를 정돈하는 작용이 있으며, 신진 대사를 촉진하고 피부 미용, 면역력 상승 등에도 효과적이다.

## 활성 효소에 대한 항산화 작용을 발휘하는 **코코아**

폴리페놀이라 하면 머릿속에 레드 와인이 가장 먼저 떠오를지도 모르지만, 코코아에도 '카카오·폴리페놀'이라는 성분이 포함되어 있다. 이 폴리페놀은 항산화 물질로 꽤 주목받고 있다.

사람이 병에 걸리거나 노화하는 등 몸이 약해지는 원인은 '활성산소'이다. 활성산소가 미치는 영향으로 동맥 경화가 일어나는데 이것은 산화된 나쁜 콜레스테롤에 기인한다. 활성산소가 세포에 들어가면 암을 유발한다. 또 활성산소의 공격을 받아 혈중의 포도당이 늘어나면 당뇨병이 된다.

이러한 활성산소의 공격에서 몸을 지키는 작용을 하는 것이 '항산화 물질'이다. 이것을 음식물에서 섭취할 수 있는 것이 '폴리페놀류'이다. 코코아의 원료인 카카오 콩(에콰도르산) 100g 중에 포함되는 폴리페놀은 3.98g으로 코코아에는 항산화 작용이 충분히 있다.

· 철분, 미네랄이 풍부한다

코코아에 포함되는 식물섬유는 리그닌(lignin)이라는 종류로 콩, 밀가루, 옥수수 등과 어깨를 나란히 할 정도의 뛰어난 섬유로서 나쁜 콜레스테롤을 줄이고 좋은 콜레스테롤을 늘리는 작용을 한다. 또 대장암 예방과 변비 해소에 효과적이다.

코코아에는 미네랄이 풍부하다. 특히 철분이 많아 빈혈 증상을 보이는 사람이나 생리 중인 여성이 먹으면 철분을 공급받을 수 있다. 또 체내에 남아있는 염분을 배출하는 작용을 하는 칼륨도 많이 함유하고 있다.

순수 코코아 100g의 성분은 에너지 277kcal, 나트륨 16mg, 칼륨 2,800mg, 비타민 B1 0.16mg, 철 14mg, 비타민 B2 0.22mg, 칼슘 140mg, 식물섬유 총량 23.9g이다.

ꕤ 로스팅한 카카오 콩 ꕤ

# 제5장

# 독특한 향토 식품



일본에는 전통적으로 그 지역에 뿌리를 내린 식품이 많다. 모두 저마다의 독특한 식감과 제조법이 있는 식품이다.

## 독특한 향토 식품

· 옷키리코미(おっきりこみ)

군마(群馬) 현이나 사이타마(埼玉) 현의 향

옷키리코미

토 요리이다. 우동과 같은 부류라고 생각하기도 하지만, 호토(ほうとう)*의 한 종류이다.

• 야키만주(焼きまんじゅう)

소가 들어있지 않은 만두에 된장 소스를 발라 구운 것으로 군마 현의 향토 요리 중 하나이다.

• 귀 우동(耳うどん)

도치기 현 사노 시(栃木県佐野市)에 전해지는 색다른 모양을 한 우동으로 설날에 즐겨 먹던 음식이다. 귀 우동에는 마귀를 쫓아낸다는 의미가 있다.

귀 우동



• 술 초밥(酒寿司)

사쓰마(薩摩) 번주인 시마즈(島津) 씨는 잔치가 끝나고 남은 밥에 술을 부어 놓았다. 다음날 그것에서 매우 향기로운 냄새가 나서 먹어 보니 맛이 좋았고 그 후로 술 초밥을 만들기 시작했다고 한다.

• 귤 전골(みかん鍋)

야마구치(山口) 현의 '귤 전골'은 귤이 껍질째 들어간 전골 요리로 가을과 겨울에 안성맞춤이다.

* 밀가루로 만든 두꺼운 면 요리.

· 시즈오카 어묵(静岡おでん)

소 힘줄, 돼지 곱창으로 국물을 우려낸 뒤 진한 간장을 넣은 시커먼 육수에 일일이 꼬챙이에 꽂은 재료를 넣고 보글보글 끓인다. 구로한펜(黒はんぺん)*은 시즈오카 어묵에만 들어가는 재료이다.

시즈오카 어묵

· 즌다모치(ずんだ餅)

떡에 풋콩과 설탕을 넣어 묻힌 것이다. 다테 마사무네(伊達政宗)가 고안했다는 설이 있지만, 진짜인지는 불명확하다. 풋콩의 향과 적당한 단맛이 식욕을 돋운다.

· 이세 우동(伊勢うどん)

미에 현 이세 시(三重県伊勢市)를 중심으로 먹는 우동이다. 1시간가량 삶은 아주 굵은 면을 맛이 짙은 장국에 찍어 먹는다. 쫄깃한 면발을 사용한 것만이 우동이 아니라는 것을 보여주는 일품요리다.

이세 우동

* 고등어나 정어리와 같은 등 푸른 생선으로 만든 어묵.

· 참깨 두부(胡麻豆腐)

ꕤ 참깨 두부 ꕤ

와카야마(和歌山)와 나라(奈良)의 향토 요리다. 나라의 참깨 두부는 껍질까지 사용하기 때문에 밤색이나 쥐색이 많고, 와카야마의 참깨 두부는 껍질을 벗겨 사용하므로 흰색이 많다. 특히 와카야마 현 고야산(高野山)에 있는 모든 참깨 두부 가게에서는 매우 맛있는 '생' 참깨 두부를 판매하고 있다.

· 메훈(めふん)

홋카이도(北海道) 연어의 신장을 젓갈로 만든 것으로 아이누어인 메후루(콩팥)가 어원이다.



· 헤보메시(へぼめし)

벌의 유충으로 지은 밥이다. 중부 지방 등 내륙 지방의 향토 요리다.

· 사사마키(笹巻き)

ꕤ 사사마키 ꕤ

사사마키는 보통 산 모양으로 만든다. 아키타(秋田)에서는 절구(節句)로 만드는 음식이며, 납작한 모양부터 섬 모양까지 다양하다.

· 무기마키(麦巻き)

원조 일본식 바움쿠헨(baumkuchen)* 으로 아키타나 주변에서 판매하고 있다.

· 게이란(けいらん)

아오모리(青森)의 향토 음식으로 팥소로 만든 단자가 들어간 국물 요리이다.

· 다코만마(たこまんま)

낙지의 난소로, 홋카이도에서는 이크라처럼 소금이나 간장에 절여서 먹는다.

· 루이베(ルイベ)

언 서벗 같은 감각의 연어회다.

· 오이리(おいり)

카가와(香川) 현의 결혼식 등에서 하객들에게 나누어 주는 오이리는 속이 비어있고 살짝 녹은 느낌이다. 선물 상자 부피에 비해 무게가 가볍다.

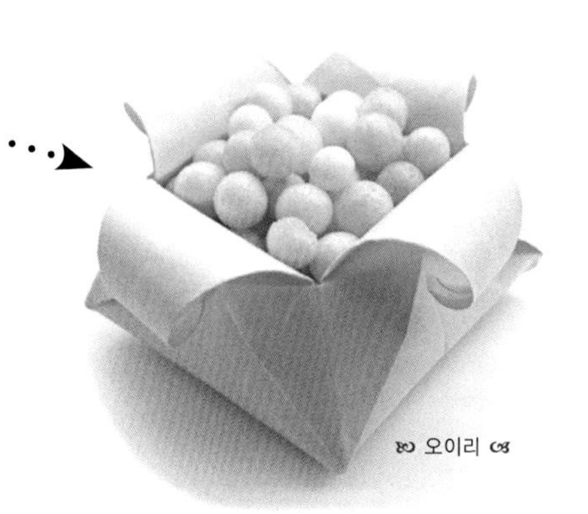
오이리

* 나무의 나이테 모양을 본떠서 만든 독일의 대표적인 과자.

· 오코시모노(おこしもの)

아이치(愛知) 현의 미카와(三河) 지방에서 히나마쓰리(雛祭り)* 등에 준비하는 화과자 같은 것이다.

· 순무 초밥(蕪寿司)

이시카와(石川) 현의 향토 요리다. 순무 사이에 방어를 낀 것으로, 이 때문에 초밥이 아니라는 주장도 있다. 가가(加賀) 번 때부터 전해 내려온 전통음식으로 겨울에만 먹을 수 있다.

· 기류 우동(桐生うどん)

군마 현의 향토 음식으로, 아이치의 기시멘보다 얇고 폭이 넓은 것이 특징이다.



· 감자경단(いももち, いも団子)

사이타마(埼玉)의 감자 경단은 삶은 감자에 녹말가루를 묻혀 구운 것이다.

· 네지(ねじ)

네지는 우동에 팥을 묻힌 음식으로 사이타마의 지치부(秩父) 지방에서 볼 수 있다.

· 조조키리(じょじょ切り, 이라코 단팥죽(伊良湖汁粉))

아쓰미(渥美) 지방에서 볼 수 있는 음식으로 사이타마의 '네지'와 같은 종류지만, 국물의 양이 다르다.

---

* 여자 아이들의 무병장수와 행복을 빌기 위해 해마다 3월 3일에 치르는 일본의 전통축제.

▪ 고헤이모치(五平餅)

중부 지방을 중심으로 볼 수 있는 음식으로, 지역마다 차이가 꽤 있는데 나가노와 기후(岐阜)는 그 형태가 다르다. 그러나 나무 막대에 밥을 붙여 구운 뒤 된장을 바르는 과정은 똑같다.

고헤이모치

▪ 오야키(おやき)

나가노의 향토 음식으로 노자와(野沢), 무말랭이, 가지 등을 넣고 찌거나 구워서 먹는다.

오야키

▪ 베로베로(べろべろ)

이시카와(石川) 현의 향토 음식으로 우뭇가사리에 달걀을 뿌린 것이다. 축하 자리에 빼놓을 수 없는 일품이다.

▪ 만바의 겐찬(まんばのけんちゃん)

사누키 지방의 향토 요리다. 만바는 검은 보랏빛을 띠고 잎이 넓은 겨울이 제철인 채소다. '겐찬'은 두부와 채소를 기름에 볶은 음식인 '겐친' 요리가 어원이라고 한다.

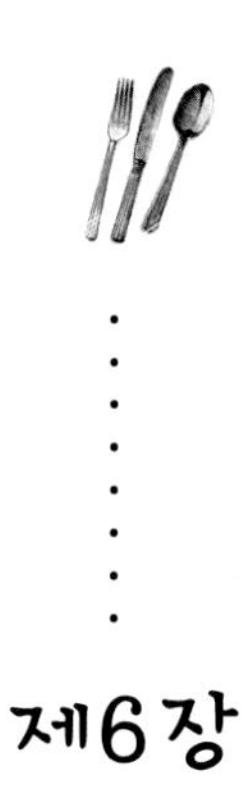

# 제6장

# 음식을 안전하게 먹는 방법



신선 식품을 비롯한 모든 식품에 대해 첨가물이나 남아있는 농약이 신경 쓰이는 사람도 많다. 그러나 제대로 된 방법으로 씻는다면 첨가물이나 농약이 상당히 제거되므로 꼭 참고하길 바란다.

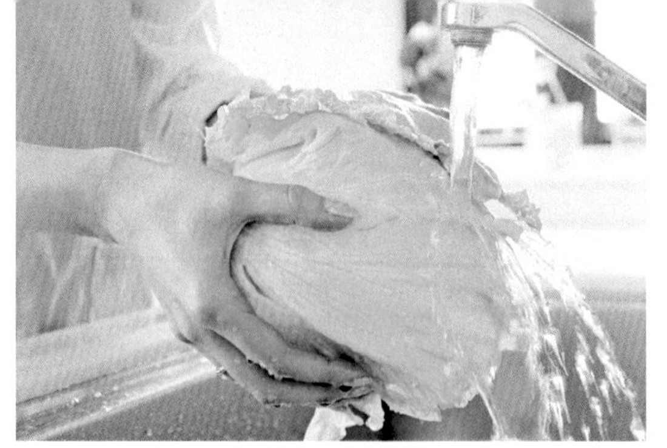

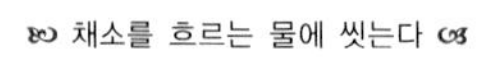

채소를 흐르는 물에 씻는다

## 채소, 과일 – 심이나 꼭지를 제거, 껍질 벗기기, 삶은 물 버리기, 소금물에 담그기 외

– 채소의 표면이나 꼭지 등에는 농약이 많이 남아 있으므로 물로 깨끗이 씻어 내야 한다. 씻는 방법은 흐르는 물에 채소를 흔들거나 강하게 문질러 씻는다. 그래도 제거되지 않는 것은 중성 세제 용액(사용 농도는 0.1%)이나 비누 용액을 희석시킨 물로 씻는다. 그 후 반드시 잘 헹궈야 한다. 또 물에 담그거나 햇볕에 말린 뒤 거품과 함께 용해하기도 한다.

– 껍질이나 심 부분에 농약이 쌓이는 경우가 있으므로, 그 부분을 제거한다. 껍질은 도톰하게 벗기고 꼭지는 잘라낸다. 심은 비틀어 제거한다.

– 뜨거운 물에 30초 정도 담그거나 뜨거운 물을 붓는다. 뜨거운 물에 소금과 식초, 밀가루를 넣고 5~20분 정도 삶은 뒤 물이 팔팔 끓는 시점에 물을 버린다. 요리에는 새로운 물을 사용한다.

– 소금을 뿌리면 소금의 삼투성으로 인해 첨가물이나 농약이 채소의 수분과 함께 녹아 내린다. 소금을 뿌리고 도마 위에서 굴리면 더욱 효과적이다. 물 3*l* 에 소금 한 큰술을 넣은 소금물에 채소 등을 담가 제거하는 방법도 있다.

–물 500cc~3 l 에 식초 한 큰술을 넣고 초수를 만들어 그 안에 채소를 넣고 거품과 함께 제거한다.

### ▪ 과일은 소금으로 농약을 제거

과일 껍질 부분에는 농약이 쌓이는 경우가 많으므로 흐르는 물에 씻는 것이 기본이다. 씻는 방법은 복숭아나 딸기 등의 부드러운 과일은 표면을 부드럽게 비비면서 씻는다. 체리는 흔들어 씻고, 사과나 레몬 등 딱딱한 것은 강하게 문질러 씻는다. 매실은 물에 담가 거품과 함께 농약이 빠져 나오도록 씻는다.

농약이 껍질 바로 밑에 녹아 있는 경우도 있으므로, 껍질은 과육과 함께 비교적 두껍게 벗긴다. 또 심과 꼭지도 잘라낸다.

소금을 사용하면 소금의 삼투성으로 인해 남은 농약이 빠져나온다. 염분은 약 2% 정도로, 5분 정도 담가 둔다.

요리에 껍질을 이용할 경우, 끓는 물에 넣고 한 번 삶은 뒤 물을 버린다. 물에 농약이 녹아 있으므로 반드시 버려야 한다.

잼이나 주스를 만들 때에는 레몬즙을 넣은 물에 담근 뒤 농약을 제거하여 사용한다. 레몬에는 유기산이 포함되어 있으며, 산은 남은 농약을 용해하는 역할을 한다. 레몬은 안전을 위해 엄선된 것을 사용한다.

### 고기(소, 돼지, 양, 말, 닭) – 비계를 제거하거나 뜨거운 물에 30초 정도 가열

사료에 포함된 농약은 고기의 비계 부분에 잔류하는 경우가 많다. 비계를 좋아하는 사람도 있지만, 가능한 한 기름을 떼어 낸다. 고기는 얇게 또는 잘게 썰어 잔류한 약품 물질을 물 속에 용해시킨다. 끓는 물에 30초 정도 가열하면 여성호르몬제, 항생 물질, 항균제 등이 뜨거운 물에 용해되므로 그 후에 조리하도록 한다.

끓여 먹는 국물 요리에는 거품에 약품 물질이 포함되어 있으므로, 꼼꼼히 거품을 건진다.

· 국물을 이용해 약품을 제거



스테이크나 불고기를 만들 때에는 양념에 물을 부어 희석시킨 다음 고기를 5분 정도 재운 후 국물은 버린다. 그 후, 새로운 양념에 재웠다가 굽는다. 국물에는 기름 이외의 부분에 포함된 약품 물질이 빠져 나온다.

닭 튀김의 경우 양념에 물을 부어 희석시킨 다음 닭고기를 넣어 5분 정도 재워 약품 물질을 빼낸다. 그 후, 새로운 양념에 재웠다가 물기를 없앤 뒤 튀긴다.

### 간 – 싱거운 소금물(3%)에 30분 이상 담가 놓는다

간에 남아있는 약품 물질을 제거하기 위해 우선 핏물을 뺀다. 싱거운 소금물(3%)에 30분 이상 담가 표면에 남아있는 약품 물질을 제거한다. 그 뒤 꼼꼼하게 비벼서 씻는 방법으로 핏기를 제거한다. 이때 약품 물질도 같이 제거된다.

### 해산물 – 꼭 내장을 제거

생선은 표면 비늘을 제거하고 기본적으로 껍질 부분은 먹지 않는다. 내장은 모두 떼어낸 뒤 정성껏 물로 씻는다. 살아있는 민물고기는 시간이 걸리더라도 물에 넣어 진흙을 토하게 한다. 살아있는 조개류도 마찬가지로 물에 넣어 모래를 토하게 한다. 조개류는 가능하면 불에 익히는 것이 가장 좋다.

### 가공식품 – 가능한 한 첨가물을 제거

- 건물(干物)

건물은 첨가물을 넣지 않은 것이 많아 산화하기 쉽다. 불에 구운 뒤 식초를 조금 넣어 먹으면 산화 방지에 효과가 있다. 무를 갈아 함께 먹으면 무에 포함된 비타민 C가 산화를 억제하는 작용을 한다.

· 유부

뜨거운 물을 유부의 앞면과 뒷면에 붓거나 열탕에 2~3분 정도 데쳐 기름을 뺀다.

· 어육을 으깬 제품

어육을 으깬 제품은 얇게 썰어 열탕에서 수십 초 가열하여 첨가물이 빠져나오게 한다. 기름에 튀겨져 있는 것은 기름을 제거하기 위해 2~3분 정도 뜨거운 물에 담근 후 사용한다.

· 대구 알

수용성 첨가물이 들어있어서, 약간 미지근한 물에 몇 초간 담근 뒤 사용한다. 아니면 표면을 모두 구워 첨가물을 식품에 포함된 수분과 함께 증발시킨다.



· 식빵

첨가물은 빵에 들어있는 수분과 함께 증발하는 경우가 많아 구워서 토스트로 먹는 것이 좋다.

토스트

· 삶은 면(ゆで麺)

삶은 면은 첨가물이 수분과 함께 녹아 있는 것이 많으니 한 번 끓인 뒤 물을 버리고 새로 요리한다.

· 인스턴트 면

면에 들어있는 첨가물에는 수용성과 유용성이 있는데 모두 더운 물에 데

치면 빠져 나온다. 컵라면의 경우 뜨거운 물을 붓고 1분 정도 기다린 뒤 한 번 물을 버리고 새로 물을 넣는다. 수프는 새로운 물에 넣어 조리한다.

▪ 스낵

스낵은 첨가물을 제거하는 것이 어려우므로 첨가된 소금을 최대한 털어 버린다.

# 제7장

# 같이 먹으면 안 좋은 식품



식품은 각각 맛과 식감이 다르다. 그래서 각 식품을 함께 먹으면 새로운 맛이 만들어지고 여기서 오는 즐거움도 생긴다. 그러나 각각 성분이 다른 음식을 함께 먹으면 악영향을 미치는 경우도 있는데 선인들로부터 전해져 오는 궁합이 나쁜 음식을 소개한다.

· 튀김 + 수박

기름진 튀김과 수분이 많은 수박을 함께 먹으면 위액이 희석되기에 소화불량을 일으킬 수 있다. 이에 복통이 더욱 심해지므로 위장이 약한 사람, 특히 설사를 자주 하는 사람은 피하는 것이 좋다.

· 무 + 당근

무는 비타민 C가 풍부하지만, 당근에 포함된 아스콜비나제는 비타민 C를 파괴하는 작용을 한다. 그래서 아스콜비나제를 비타민 C가 포함된 채소나 과일과 함께 먹거나, 믹서기에 함께 갈면 비타민 C를 파괴해버린다. 그러나 아스콜비나제는 열과 산에 약하기 때문에 가열 조리를 하거나 식초 등 신맛이 나는 것을 뿌려 먹으면 이러한 작용을 억제할 수 있다.



· 토마토 + 오이

토마토에는 암, 뇌졸중, 심장 질환 등을 예방하는 비타민 C가 포함되어 있는데, 오이에 포함된 아스콜비나제는 비타민 C를 파괴하므로 같이 먹으면 좋지 않다. 또 이것은 몸을 차갑게 하는 작용도 한다.

· 송이버섯 + 바지락

바지락(2~4월이 제철)과 송이버섯(가을이 제철)은 제철 시기가 크게 차이나므로 같이 먹는 일이 드물다. 또 송이버섯은 산에서, 바지락은 바다에서 수확하는 음식으로 옛날에는 음식을 운반하는 데 시간이 걸려 쉽게 상했기 때문에 함께 먹지 않았다.

· 장어 + 매실장아찌

장어의 높은 기름기와 매실장아찌의 강한 산미가 위장을 자극하여 소화불량을 일으킨다고 알고 있다. 그러나 실제로는 산미가 지방의 소화를 도와주기 때문에 같이 먹으면 좋은 재료이다. 다만, 위장이 약해져 있을 때는 지방 성분과 신맛이 강한 음식을 다량으로 먹지 않는 것이 좋다.

· 날달걀 + 우뭇가사리

소화가 잘 안 되는 음식들의 조합이다. 함께 먹으면 소화하는 데 시간이 많이 걸리므로 위장에 부담을 준다.

· 게 + 감

게는 비타민 B1 · B2가 많아 영양 대사를 원활하게 하지만, 상하기 쉽고, 감은 소화가 잘 되지 않는 과일이므로 궁합이 좋지 않다. 또, 둘 다 몸을 차갑게 하는 성질이 있으므로 함께 먹으면 두 배로 몸이 차가워진다. 냉증이 있는 사람은 증상이 가중되므로, 주의해야 한다.

또 이것들은 각각 산과 바다에서 수확하는 조합으로 옛날에는 모두 같이 먹으려면 재료를 조달하기까지 시간이 걸려 어느 한쪽이 상하는 일이 많았기에 식중독의 원인이 되기도 했다.

· 장어 + 수박

튀김 + 수박과 마찬가지로 기름진 장어와 수분이 많은 수박을 함께 먹으면 위액이 희석되기 때문에 소화 불량을 일으킬 수 있다. 위장이 약한 사람, 특히 설사를 자주하는 사람은 피하는 것이 좋다.

· 미역 + 파

한국에서도 궁합이 나쁜 음식 조합으로 알려져 있는데 미역에 포함된 칼슘 흡수를 파에 포함된 인이 저해하기 때문이다. 함께 먹었다고 해서 심각한 문제가 생기는 것은 아니지만, 영양 흡수의 효율을 생각한다면 함께 먹지 않는 것이 좋다.



인은 체내의 미네랄 중에서 칼슘 다음으로 영양소가 많은데, 성인 몸에는 약 700g의 인이 포함되어 있다. 체내에 있는 인의 85%가 칼슘, 마그네슘과 함께 뼈와 치아를 만들고, 나머지 15%는 근육, 뇌, 신경 등 다양한 조직에 포함되어 에너지를 만들어 내는 필수 역할을 한다.

· 가지 절임 + 메밀 국수

가지 절임은 몸을 차갑게 하고 메밀은 위를 식히는 작용을 한다. 그래서 두 개를 함께 먹으면 냉증이 있는 사람은 설사를 하거나 손발이 떨리고 차가워진다. 메밀을 가열하면 그 작용은 완화되므로 따뜻한 메밀 국수라면 가지 절임과 함께 먹어도 무난하다. 동시에 몸을 따뜻하게 하는 효과가 있는 파와 시치미(七味)를 많이 넣어 먹는 것이 좋다.

### ·술 + 고추

술과 마찬가지로, 고추와 같은 매운 식품도 혈액 순환을 촉진하기에 가려운 증상이 나타날 수 있으므로 두드러기나 습진이 생기기 쉬운 사람은 주의하도록 하자. 이러한 것들은 오이나 토마토, 샐러리 등 몸을 식히는 작용이 있는 음식과 함께 먹는 것이 좋다.

# 제8장

# 아직도 해결되지 않은 음식 관련 문제



우리 사회에는 아직도 식품에 관해 해결되지 않은 문제가 많이 산적해 있다. 이것은 일본뿐만 아니라 세계적인 문제이며, 좀처럼 해결하기 어렵다. 하지만 식품을 보다 안전하기 먹기 위해서는 항상 이러한 것들에 주목하여 문제의식을 갖고 있어야 한다.

## 트랜스 지방산에 의한 건강 악화

트랜스 지방산은 천연 식물성 기름에는 거의 포함하지 않는다. 트랜스 지방산은 수소를 넣어 경화한 부분 경화유를 제조하는 과정에서 발생하기 때문에 그것을 원료로 하는 마가린, 팻 스프레드(fat spread), 쇼트닝 등에 많이 들어 있다.

일정량을 섭취하면 LDL콜레스테롤(나쁜 콜레스테롤)을 증가시켜 심장 질환의 위험을 높인다고 알려져 2003년 이후 미국을 비롯한 많은 나라에서 트랜스 지방산을 함유한 제품의 사용을 규제하고 있다.

일본에서는 후생노동성이 추진하는 보건 기능 식품이 트랜스 지방 제품을 인가하고 있으며, 소비자청은 상품에 대한 함량 표시의 가이드 라인을 작성했지만, 섭취 여부는 개인의 판단에 맡기고 있다.



일본은 다른 나라에 비해 식생활에서의 트랜스 지방산의 평균 섭취량이 적으므로 건강에 미치는 영향을 경시하는 경향이 있다.

### · 애매한 섭취 수치 판단

식품안전위원회의 조사 보고에서는 일본인이 하루에 섭취하는 트랜스 지방산은 전체 칼로리 중 0.3%(식용 가공유지의 국내 생산량으로부터 추계하면 0.6%)인데 반해 미국은 2.6%이다. 이것은 WHO가 권고하는 양인 1% 미만을 뛰어넘고 있다.

다만 이는 평균적인 식생활을 하는 경우로, 음식 기호의 다양화로 지나치게 많이 섭취한 사람이 있을 수도 있다. 예를 들어 매일 아침 토스트에 마가린

을 발라 먹는 게 일상화된 사람과 마가린을 거의 사용하지 않는 사람은 큰 차이가 있으므로 평균치가 낮은 것은 사실상 의미가 없다.

식품을 생산하는 기업들은 팜유와 유채 기름만 사용하고, 쇼트닝은 사용하지 않기로 했다. 빵과 과자에 사용하는 마가린, 쇼트닝을 트랜스 지방산 함량이 적은 것으로 차례로 바꾸는 브랜드와 트랜스 지방산을 함유한 상품을 판매하지 않겠다는 방침을 밝힌 슈퍼마켓도 있다. 전 점포에서 트랜스 지방산을 포함하지 않은 기름으로 전환한 패밀리 레스토랑도 있다.

참고로, 한국에서는 2007년 12월부터 트랜스 지방산량의 표시를 의무화하고 있다.



## 대두 이소플라본(isoflavones)의 과잉 섭취에 경종

일본에는 '전통적인 콩 식품'으로 두부, 두부 가공품, 유부, 낫토, 콩가루, 비지, 콩자반 등이 있고 콩을 원료로 하는 조미료로 된장, 간장 등이 있다. 또 최근에 소비가 늘고 있는 콩 식품으로 두유, 두유 음료, 조제 두유 등이 있다.

일본에서는 전통적인 음식에 콩을 사용했지만, 이들 식품에 포함되는 콩이 건강에 나쁜 영향을 준다는 이야기는 없었다. 그런데 서플리먼트(건강 보조 식품 등)의 보급으로 대두 이소플라본이 주목되었고 대두 이소플라본을 강화한 음식 재료나 보조제를 먹을 기회가 많아지면서 상황이 달라졌다.

### • 동물 실험에서 유해성이 발견

예를 들면 폐경 전 여성의 경우 대두 이소플라본을 과잉 섭취하면 혈중 호르몬 수치가 변동하거나 월경 주기가 길어진다는 사실이 알려졌다. 또 폐경 전 일본 여성에게 일상 식생활(대두 이소플라본 29.5mg/일)과 함께 하루에 약 400㎖(대두 이소플라본 75.7㎖)의 두유를 마시게 한 결과, 에스트로젠의 일종인 '에스트라디올(estradiol)'의 혈청 중 농도가 약 33.3% 떨어지면서 월경 주기가 11.7% 더 연장되었다는 보고가 있다.

대두 이소플라본의 과잉 섭취가 태아나 신생아에게 미치는 영향을 명확히는 알 수 없지만, 동물을 이용한 실험에서는 난소나 정소와 같은 생식 기관에 대한 유해 작용이 보고되고 있다. 그러므로 정부의 식품안전위원회에서는 임신부와 유아, 소아 등이 평소 식사에 추가적으로 대두 이소플라본을 섭취하는 것을 권장하지 않고 있다.

한편 폐경 후 여성을 대상으로 대두 이소플라본 정제(150mg/일)를 5년간 복용하게 한 장기 시험에서는 섭취 집단과 플라시보 집단을 비교했는데, 30개월에서는 유의한 차이는 보이지 않았지만, 60개월 섭취한 결과에서는 자궁내막 증식증의 발증이 높아진다는 보고가 있다.

### ▪ 안전한 섭취 기준량을 설정

이에 따라 식품안전위원회에서는 대두 이소플라본 정제(150mg/일)가 인간의 몸에 이상이 나타나는 양이라고 판단, 그 절반인 75mg을 '임상 연구를 기초로 현시점에서 인간의 안전한 섭취 기준량'으로 정했다. 또 서플리먼트나 특정 보건 식품 등에서 섭취하는 양은 하루 30mg까지가 바람직하다고 밝혔다.

식품안전위원회도 평소에 하는 식사에서 대두 이소플라본을 섭취하는 것에는 특별한 문제가 없다고 밝혔다. 요약하면 대두 이소플라본을 과잉 섭취하지 않도록 주의하자는 것이다.

이소플라본은 갑상샘에 대한 요오드의 흡수를 저해하는 작용이 있으므로 요오드 결핍 상태에서 콩 제품을 많이 먹거나 이소플라본을 대량 섭취하면 갑상샘이 비대해지는 결과를 낳을 수 있다.

대두 이소플라본이 콩을 원료로 하는 가공식품 대부분에 포함되어 있지만, 원료가 되는 콩의 종류나 식품 제조 방법 등에 따라 그 함유량은 다르다. 예를 들면 일본에서 가장 많이 섭취하는 콩 식품인 두부의 대두 이소플라본 함유량은(mg/100g) 무명 두부 32~56(40), 연두부 26~61(38), 충전 두부 20~52(37) 이다(괄호 안은 평균치).

## 해결해야 할 과제가 많은 식품첨가물, 복합적인 문제가 생길지는 미지수

식품첨가물은 식품을 오래 보존시키거나 가공하기 위해 식품에 첨가하는 것으로 보통 그대로 먹지는 않는다.

식품위생법에서는 '식품의 제조 과정에서 또는 식품의 가공 혹은 보존의 목적으로, 식품에 첨가, 혼화, 침윤 등의 방법에 의해 사용하는 것'이라고 정의하고 있다.



식품첨가물에는 합성 첨가물과 천연 첨가물이 있다. 합성 첨가물은 인간이 화학 기술을 이용해 합성한 화학 물질이고 천연 첨가물은 자연에 있는 동식물이나 광물에서 추출한 성분이다.

### · 식품 이외의 것으로 만든 천연 첨가물도

천연 첨가물은 합성 첨가물의 일부가 발암성을 의심받아 사용이 금지되면서 사용하게 된 것이다. 그러나 천연이라고 해도 알루미늄, 스테비아(Stevia), 코치닐(cochineal) 색소 등 '식품 이외의 것으로 만든 것'이 존재하며 이들의 안전성이 의심된다.

식품첨가물에 대해 일본과 외국의 기준은 아직 통일되지 않았기 때문에 수입 식품 중 일본에서는 허용되지 않은 첨가물이 검출될 수 있어 자주 문제가 일어난다.

또 후생노동성이 식품첨가물을 인가하기 전에 실시하는 각종 안전성 시험은 식품첨가물을 단품으로만 공시 동물에 투여하는 방법으로 이루어진다. 일반 소비자가 날마다 복수의 식품첨가물을 섭취하는 상황인 만큼 '복수의 식품첨가물 간에 일어나는 복합 작용'에 대한 시험이 반드시 필요하다.

## 유전자 조작 식품에 관한 시비론, 지금은 생산자의 이익이 우선?

음식에 들어있는 세균 등 유전자의 일부를 잘라내거나 다른 생물의 유전자를 집어넣는 등의 방법으로 유전자 재조합 기술로 만들어 낸 작물과 곡물을 원료로 한 것이 유전자 조작 식품이다.

예를 들면, 콩의 경우 특정 제초제를 분해하는 성질을 가진 세균에서, 그 성질을 발현시키는 유전자를 콩 세포에 삽입함으로써 그 제초제에 내성이 강한 콩이 만들어진다.

유전자 조작 기술을 응용한 식품은 제초제에 대한 내성을 가진 대두나 살충성이 있는 옥수수 등의 농작물과 유전자 조작 대장균으로 만든 소 성장 호르몬과 같은 첨가물로 나눌 수 있다.

### ▪ 유전자 조작 식품은 안전한가.

유전자 조작 식품이 늘어남에 따라 이에 대한 논의도 뜨겁다. 유전자 조작은 종래의 품종 개량의 연장선에 불과하다며 식량난과 지구 환경 문제를 해결

한다는 것이 찬성파의 의견이다. 즉, 유전자 조작으로 오래 보존할 수 있는 농작물, 알레르기의 원인이 되는 물질을 제거한 식품, 병충해에 강한 식물을 만들 수 있고, 이것은 결과적으로 식량 증산으로 이어진다. 그것은 지금까지 품질 개량과 하등 다름 없이 안전하다는 것이다.

반대파는 '의도하지 않은 새로운 유전자가 생기거나 지금까지 작용하지 않은 유전자가 작용하여 독이 되거나 알레르기를 일으키는 일이 생길 수 있다'고 주장한다.

이 문제에 대해서, 후생노동성에서는 '실질적 동등성'이라는 개념을 내놓고 있다. 도입하는 유전자의 성질이 분명했고 다른 성질이 기존 품종과 다르지 않으면 동등한 식품으로 간주한다는 뜻이다. 하지만 '미량의 이물질을 장기간 섭취했을 때의 만성 독성에 관한 평가가 없다'고 비판하는 목소리도 있다.



제초제에 대한 내성을 가진 작물에 도입한 유전자가 꽃가루에 의해 잡초 등에 옮겨지거나 제초제를 계속 뿌리면 내성이 있는 잡초가 급격히 증가하는 위험도 부정할 수 없다. 해충 저항성 작물의 경우에도 타겟으로 삼은 해충 이외의 벌레에 대한 영향이 제로라고는 말할 수 없고, 생태계를 교란할 가능성도 부정할 수 없다.

### ▪ 기업의 식량 지배를 우려

한편 화학 브랜드의 일부가 제초제와 작물(제초제에 내성이 있는 작물)의 씨앗을 세트로 전 세계에 팔고 있다. 또 씨앗을 키우고 열매를 맺게 한 식물의 2대째 씨앗에서 싹이 나오지 않도록 하는 유전자 조작 기술을 검토했던 기업도 있어, 기업의 식량 지배를 우려하는 목소리도 있다.

유전자 조작 기술은 획기적인 것이다. 그러나 현 단계에서는 생산자 측의 이점이 선행되고 있어 유전자 조작 식품의 안전성에 대해 의심해 볼 필요가 있다.

## 식품의 폐기 문제, 일본은 식량 폐기율이 세계 최고로 개선이 시급하다

현대 사회는 매우 편리해졌다. 편의점에서는 24시간 언제든지 신선한 음식을 살 수 있고, 24시간 동안 영업을 하는 레스토랑도 적지 않다. 편의점에서는 언제나 갓 만든 신선한 식품을 손님에게 제공하기 위해 상품을 자주 교체한다.



한편, 기한이 지난 식품은 폐기되는데 그로 인해 대량의 음식 쓰레기가 발생한다. 음식 쓰레기는 마음으로는 용인할 수 없지만, 그 혜택으로 우리가 편리한 생활을 하는 것은 부정할 수 없는 사실이다.

전체 쓰레기의 40%는 남은 음식이며, 식품 폐기가 사회 문제로 대두되고 있다. 다 먹지 못한 남은 음식을 전용 플라스틱 용기에 포장해주는 음식점도 있지만, 그 수는 많지 않다. 한편, '포장해서 가져간다면, 그 후의 보존 상태를 알지 못하고 그에 대한 책임을 질 수 없다'며 식중독을 우려하는 목소리도 있다.

### ▪ '유효 기간'과 '소비 기한'에 대한 이해 부족

'식품 낭비'란 '아직 먹을 수 있는데 버려지는 식품'으로, 일본의 외식 산업에서 1년간 폐기되는 식품의 양은 약 1,900만 톤이다. 그리고 연간 500만 톤~800만 톤이 아직 먹을 수 있지만, 버려지는 것이다. 많을 때는 폐기하는 식품의 4분의 3이 '식품 낭비'에 해당하기도 한다.

이탈리아 로마에 본부를 둔 식량 원조와 경제 · 사회 개발 촉진을 목적으로 한 국제 연합의 기관 · 유엔 세계식량계획에서는 세계 80개국에 650만 톤의 식량 지원을 실시하는데, 일본에서 지원하는 양과 비슷한 양의 음식이 먹지 못하고 버려지고 있다.

왜 이렇게 많은 '식품 낭비'가 일어나는 것일까. '유통 기한'과 '소비 기한'을 잘못 이해하고 있기 때문이다.



'3분의 1룰'*에 의해 가게가 유통 기한이 지나기 전에 식품을 버리는 것이 또 '식품 낭비'의 원인에서 큰 비중을 차지한다. '식품 낭비'를 없애려면 가게가 '3분의 1룰'에 걸리지 않고 상품을 파는 것이 중요하다. 물론 소비자의 협력도 중요하다.

### ▪ 20%~30% 폐기?

일본은 '식량이 폐기되는 비율이 세계에서 제일 높다'고 할 정도로 많

---

* 3분의 1룰은 식품 유통 업계의 관행으로 식품의 생산부터 유통 기한까지를 세 기간으로 나누어 '납품 기한은 제조일로부터 3분의 1이 지난 시점까지', '판매 기한은 유통 기한의 3분의 2가 지난 시점'으로 제한한다. 예를 들어 유통 기한이 6개월인 식품의 경우 2개월 이내의 납품, 4개월 이내의 판매가 요구된다. 이 납품 기한과 판매 기한이 지난 상품은 대부분 유통 기한 전에 폐기되므로 식품 제조회사 등에서는 '기간이 합리적이지 않고 식품과 자원의 낭비로 이어질 것'이라고 주장한다.

은 식량을 폐기하는 나라이다. 추측에 의하면 먹을 수 있는 식량의 20%에서 30%가 폐기되고 있다고 한다. 또한, 쓰레기의 약 42%가 음식물 쓰레기로 그 음식물 쓰레기의 약 30%는 손대지 않은 음식이라는 이야기도 있다. 이에 따라 일본은 '남는 음식'이 너무 많다고 할 수 있다. 이는 약 665만 명이 1년간 먹고 살 수 있는 양이다.

또, 일본이 안고 있는 식량 문제라고 하면 식량자급률을 들 수 있다. 2011년도의 식량자급률은 39%, 곡물 자급률은 27%로 선진국 중에서는 최저이다. 즉 일본은 해외에서 음식을 수입하고 있음에도 대량으로 폐기한다는 것인데 이것은 매우 큰 문제이다.



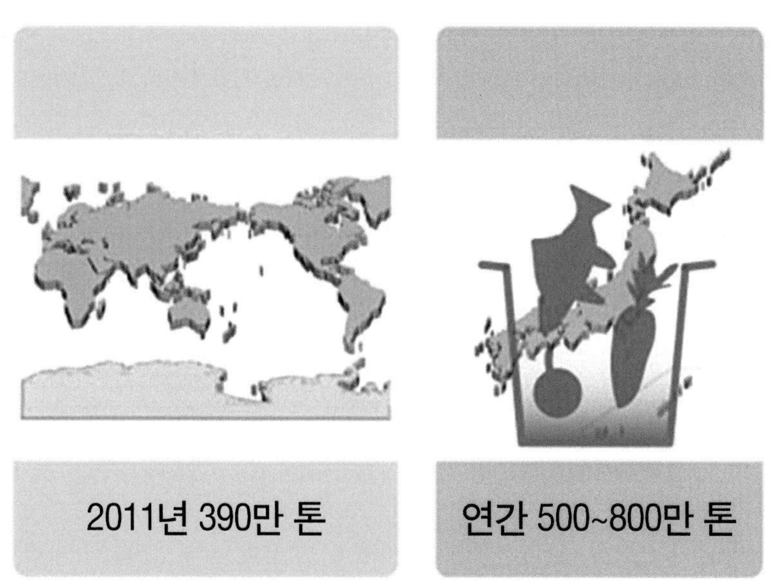


세계의 식품 원조량

일본의 식품 낭비

일본의 식품 폐기물은 연간 약 1,900만 톤으로 최근 5년 사이 다소 늘었지만, 별로 크게 변하지는 않았다. 하지만 불황 이후 식량 가격이 급등하는 가운데, 폐기는 계속해서 증가하고 있다.

'식품 폐기물은 채소의 심이나 생선 뼈, 사업 폐기물 등도 포함한다. 문제는 식품 낭비라 불리는 먹을 수 있는 부분의 폐기량이며, 정부의 추계로 식품 낭비는 500만~800만 톤으로 이를 미묘하게 감소하는 추세이다. 세계 식량 원조량이 약 650만 톤이라는 점을 생각하면 방대한 숫자이다.

### · 유통 기한 표시 철폐를 검토

소매점은 고객이 이탈하는 것이 두려워 항상 결함품이 없도록 재고를 유지하려는 경향이 있어 손실이 발생하기 쉽다. 한편, 소비자는 폐점 시간이 거의 다 됐을 때 판매하는 결함품을 별로 신경 쓰지 않는다는 조사 결과가 있다. 이러한 업계와 소비자의 인식 차이를 해소하기 위한 사회적 합의 형성을 정책으로 실현해 가는 것도 하나의 방법이다.



식품 낭비는 경영 비용으로 되돌아오므로 외식 산업에서는 낭비 삭감에 대한 대처도 활발하다고 한다. 밥의 양을 일률적으로 줄이고, 대신 양이 부족할 때 무료로 밥을 더 제공하는 방법으로 음식물 쓰레기를 줄이고 경비 삭감에 성공했다는 사례도 있다 그 밖에 국가적인 차원에서도 식품 낭비를 줄이기 위해 노력하는데 작년 가을, 소비자청이 유통 기한 표시를 없애는 방안을 검토한 것이 한 예이다.

· 폐기 식품의 재이용

유통 기한은 맛있게 먹을 수 있는 기한을 말하는데 이것은 소비 기한으로 혼동하기 쉽고, 식품 낭비로 이어진다는 지적도 있다. 국가와 기업, 가정에서 유통 기한과 소비 기한에 대한 개념을 정확히 이해하여 식품 낭비를 줄이도록 노력해야 한다.

한편 식품 낭비에 대한 해결책으로 폐기된 식품을 재생하여 사용하는 방법이 있다. 한 가지 예로 폐기된 식품을 사료로 재이용하는 '식품 재활용 가공 센터' 등의 시설도 있는데, 이곳에서는 모든 식품 폐기물을 건조기에서 보송보송하게 만들고, 냄새를 없앤 뒤 잘게 부숴 사료로 만든다. 이런 방법으로 버려진 식품을 가축의 먹이로 만들어 식품 재활용과 비용 절감을 위한 사업을 전개하기도 한다.

# 제9장

# 해결해야 할 과제가 많은 식품의 위장 문제



우리 사회에서 항상 문제되는 식품의 '산지 위장'에 대한 정보는 소비자에게 정확히 전달해야 한다. 식품의 해외 의존도가 높은 일본은 인근 국가로부터의 수입이 일상화되고 있어 산지 위장 문제 해결이 시급하다.

### · 북한산 바지락이 일본산으로 둔갑

중국이 수입한 북한산 바지락을 일본 업체가 사들여 일본 앞바다에 뿌려 다시 어획하면 일본산이 된다. 이렇게 북한과 한국, 중국 등에서 수입한 해산물을 직접 판매하거나 이들 수입품을 일찍이 대산지(大産地)의 어협(어업협동조합)이 구입한 뒤 갯벌이나 여울에 보관했다가 다시 어획하여 일본산으로 판매하는 경우가 늘고 있다.

북한에서 일본으로 들어오는 해산물은 바지락, 배무래기, 재첩, 붉은 대게, 무당게, 털게, 피조개, 성게 등이다. 수입금지 조치 전 오카야마(岡山) 시의 오카야마 중앙 어시장에서는 지금까지 매년 북한산 게는 약 1천만 엔, 배무래기는 300만 엔 전후의 매출액이 있었다고 한다. 단가도 일본산의 절반으로 소비자에게 인기도 높았다.



북한산 게의 대부분은 돗토리(鳥取) 현의 어항(漁港)에 보관한다. 그 외에 사카이(境) 항과 아지로(網代) 항이 유명한데, 하마다(浜田) 시에 있는 하마다 항에서도 2억 5,200만 엔 상당의 대게와 성게 등을 수입했다.

### · 바지락은 계속 감소

북한산 붉은 대게는 러시아산에 비해 살이 많아 맛도 좋고, 성게 또한 모양과 맛이 좋다. 게다가 가격도 싸서 회전 초밥에 빼놓을 수 없는 재료이다.

참고로, 일본의 바지락 어획량은 1980년대의 14만 톤을 정점으로 계속 감소하고 있다. 감소하는 원인은 '남획'이나 '생태 지역의 매립' 이외에 부영

ᘓ 북한산 바지락이 일본산으로 둔갑하는 과정 ᘕ

양화(富栄養化)와 수질 오염에 따른 환경 악화(청조), 긴머리매가오리(Aetobatus flagellum)에 의한 충해, '퍼킨서스 원충' 감염(수입 치패〔稚貝〕가 원인)에 따른 번식력 저하 등의 가능성이 지적되고 있다.

홋카이도 등 한정된 수역을 제외한 많은 산지에서 자연 개체군의 재생산이 급속히 나빠지고 어획량이 격감하고 있다. 조개 어장의 회복을 위해 인공 갯벌의 조성이나 객토, 복사(覆砂) 사업, 부족한 산소 수괴 분석 대책 등도 이루어지고 있다.

1990년대 후반부터는 바지락의 천적인 아열대산 긴머리매가오리가 해수 온도 상승으로 세토 내해(瀬戸内海)와 아리아케(有明) 해에서도 개체 수가 늘어나 바지락 산지로 유명한 오이타(大分) 현, 후쿠오카(福岡) 현, 야마구치(山口) 현, 오카야마(岡山) 현을 중심으로 심각한 피해를 초래하고 있다.

특히 괴멸적인 피해를 받고 있는 오이타 현 나카쓰(中津) 시에서는 정기적으로 긴머리매가오리를 구제(驅除)하거나 현으로부터 받은 보조금으로 치패의 방류를 늘리는 등 산지 부활에 힘쓰고 있다.

## ▪ 일본산 바지락의 천적 갯우렁이

한편 '갯우렁이'의 증가가 바지락이 감소하는 원인인 것으로 밝혀졌다. 이 '갯우렁이'는 외국에서 수입되는 바지락(그 대부분은 북한에서 수입)에 섞여 일본에 들어왔는데 가이마키(貝まき)라고 해서 모래 사장에 조개를 뿌릴 때 정착했다. 일본 바닷물에 친숙해진 수입 바지락이 조개잡이와 시장 출하를 위해 포획되지만, 이 갯우렁이는 그 대상이 아니므로 모래 사장에 잔류한다.

이 '가이마키'의 반복으로 갯우렁이의 양은 점점 늘어난다. 게다가 강한 번식력으로 그 수가 방대하게 늘고 있다.



갯우렁이는 북한에서 유입된 것으로 특히 순 일본산 조개를 좋아한다고 한다. 갯우렁이는 조개 입 부분을 배후에서 억누르고 바지락이 움직일 수 없는 상태로 만든 뒤 껍데기에 구멍을 뚫어 몸통을 빼 먹는다. 식욕이 왕성하고 하루 평균 2개의 바지락을 먹는다. 갯우렁이는 바다에 남아 있는 바지락을 먹으면서 점차 증가한다. 그것에 반비례하듯 바지락은 줄어들고 있어 이것이 바지락 감소의 원인이 되고 있다.

## ▪ 북한산이라는 표시는 없다

북한에서 수입하는 바지락은 2004년 당시로 3만 2천톤, 가격으로 치면 약 40억 엔인 것에 비해 일본에서 수확되는 바지락은 3만 6천 톤으로 북한산과 거의 같은 양이다.

그런데 이상하게도 슈퍼 등에서 북한산 바지락이라고 분명히 표시된 것은 거의 보이지 않는다. 대부분이 중국산으로 속여 판매되고 있다. 수입되는 양을 생각했을 때 바지락의 대부분은 북한산이라는 것이 틀림 없다. 또 도매시장에서는 북한산으로 표시하지만, 판매점에서는 거의 표시하지 않는다.

한편 '축양'된 땅을 원산지로 표시하는 사례도 있다. JAS법(Japan Agriculture Standard)은 '가장 오랫동안 서식한 곳을 산지로 표시하는 것'을 규정하여 북한산 바지락도 명확하게 원산지 표시를 해야 한다. 그러나 JAS법에는 처벌 규정이 없고 식품의 표시를 규정하는 JAS법에서는 여러 장소에서 생육한 것에 대해서 가장 길게 생육시킨 곳을 '산지'로 표시할 수 있다고 정하고 있다. 따라서 북한산의 바지락이 국내산으로 돌아다니는 것에 대해서는 법적으로는 문제가 없다.



### · 일본산과 외국산의 분간이 어려운 해산물

그런데 북한산과 일본산 해산물을 알아보는 방법이 없을까? 업자에게 묻자 '항상 해산물을 다루는 사람은 크기나 색깔 등으로 알아볼 수 있지만, 일반 소비자는 물론 전문 요리사조차 구분하기 어렵다'고 말했다.

예를 들면 가로 주름이 정연하게 연결되어 있어 번갈아 들어가는 모양으로 규칙성 있는 바지락이 일본산, 가로 주름이 뜯겨 있거나 모양 자체가 들쑥날쑥한 것이 북한산이라고 하지만, 실제로는 구분하기 어렵다.

한편, 북한에 납치된 일본인을 구출하기 위한 전국 협의회에서는 '일본이 수입하는 바지락의 65% 남짓이 북한산'이라며 경제 제재를 주장, 불매 운동을 적극적으로 추진하고 있다.

### JAS법이란

정식 명칭은 '농림 물자의 규격화 및 품질 표시의 적정화에 관한 법률'로 알려져 있다. 이 법률은 음식료품 등이 일정한 품질과 특별한 생산 방법으로 만들어진 것을 보증한다는 'JAS규격 제도(임의의 제도)'와 원자재, 원산지 등 품질에 관한 일정한 표시를 의무화하는 '품질 표시 기준 제도'로 되어 있다.

이 법률에 따라 식품에는 JAS마크와 원산지 등의 표시가 붙는다. 2009년 5월에 이루어진 JAS법 개정에서는 식품 '산지 위장'에 대한 직접 처벌 규정이 다음과 같이 창설되었다.

'품질 표시 기준에서 반드시 표시해야 하는 원산지(원료 또는 재료의 원산지를 포함)에 대해 허위로 표시하여 음식료품을 판매한 자는 2년 이하의 징역 또는 200만 엔 이하의 벌금, 법인은 1억 엔 이하의 벌금에 처한다.'



## 중국산으로 표시된 송이도 사실은 북한산 송이

송이는 가을철 별미로 유명하지만, 값비싼 식품으로 알려져 있다. 일본에는 중국산 송이도 많지만, 사실은 바지락 등과 마찬가지로 북한이 중국에 수출한 송이가 일본으로 다시 수입되고 있다고 한다. 북한에서도 송이는 귀한 수출품으로 외화벌이의 일 등 공신이다. 한편 북한산 송이가 '일본산'으로 유통되거나 슈퍼 등에서 '중국산'으로 표기해서 판매하는 경우가 많다고 한다.

일본에 들어오는 북한산 송이는 가격으로 따지면 약 17억 엔 정도이다. 일본에서 소비된 송이버섯 중 북한산은 30% 가까이 된다. 그리고 순수 일본산

송이는 전체 소비량의 1% 밖에 되지 않는다. 송이버섯의 산지로 북한 이외에 중국이나 한국이 유명하고, 캐나다산과 미국산 송이도 있다.

### · 유통 과정에서 맛이 하락



송이버섯은 맛과 향이 매우 중요한데 수입 송이버섯에 대한 평가는 제각각이다. '맛과 향 모두 훌륭하다'고 평가하는 업체가 있는 한편, '향기가 전혀 없다'고 혹평하는 요리사도 적지 않다. 요점은 품질이 일정하지 않다는 것일까?

수입 송이는 식물방역법에 의해 소량이라도 흙이 묻어 있는 상태로는 수입이 금지되어 있으므로 반드시 세척해야 한다. 원산지에서 먹을 때의 맛은 일본산에 뒤지지 않지만, 유통 과정에서 맛이 떨어지는 것은 어쩔 수 없다.

한편 송이버섯은 고가의 식품이므로 소비자를 속이는 상술도 등장하고 있다. 표고버섯과 송이버섯의 균을 혼합하여 인공 재배에 성공했다는 '융합 송이'가 화제지만, 사실은 단순한 표고버섯이었다. 이 '융합 송이'는 최근 '소나무 버섯'이라는 명칭으로 시중에 유통되고 있다.

## 장어의 산지는 물론 품종 표시를 요구

일본산 장어로 판매되는 장어 중에 실제로는 외국산으로 표시해야 할 것이 많이 있다. 즉 산지 위장을 한 장어가 많다는 것이다. 대만에서 수입한 장어에 일본 지명을 붙여 브랜드로 유통시킨 사례가 있다. 농림수산성은 JAS법에 위반된다고 하여 업계 단체 등에 적정한 표시를 촉구하기도 했다.

또 현재 장어 구이에 대한 원료 표시 의무로서 규정된 것은 산지(양식지) 표시뿐이다. 장어 품종에 대한 표시 의무는 없어서 대부분 제품에는 '국산 장어'나 '중국산 장어' 등이라고만 적혀 있다. 소비자들은 자신이 먹는 장어의 품종을 알 수 없기에 이것을 문제시하는 목소리도 높다.



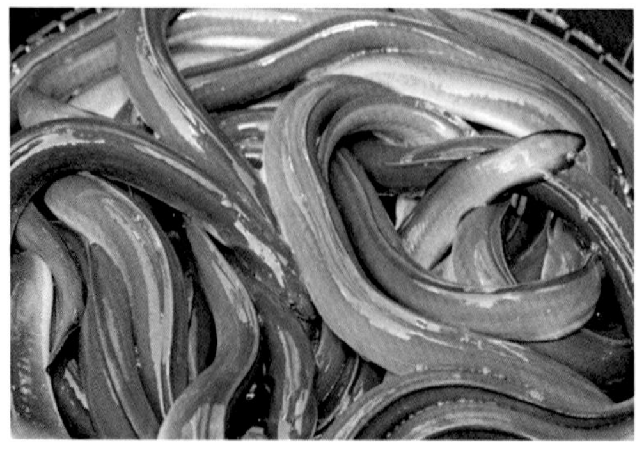

산지도 품종도 명확하지 않은 장어가 유통되고 있다

· 중국산 장어의 증가

일본의 장어 수입국은 대만이 20년 이상의 역사를 가지고 있지만, 1990년대부터는 중국으로 넘어 왔다. 중국산 장어의 수입량이 점점 늘어나고 있는데 대부분은 유럽 뱀장어의 치어를 중국에서 기른 뒤 장어구이로 가공한 것이다. 한편 중국산 외에 동남 아시아에 서식하는 비콜라(bicolor) 종을 사용한 장어구이도 매장에서 판매하고 있다.

장어는 고단백으로 소화도 잘되고 일식 재료로도 많이 사용되어 우나기야(鰻屋)라고 불리는 장어 요리 전문점도 많다. 장어 껍질에는 서식지의 물 냄새나 먹이 냄새가 남아 있으므로 천연, 양식을 불문하고 깨끗한 물에 1~2일 정도 넣고 진흙과 냄새를 제거한 뒤 요리한다.

일본에서는 아주 오래전부터, 토왕(7월 후반) 시기에 더위가 심해 '원기를 돋우는 음식'을 먹는 습관이 있어 장어를 먹는다. 지금도 매년 여름 토왕 시기에는 장어의 수입량이 급증하여 판매량이 정점을 맞는다.

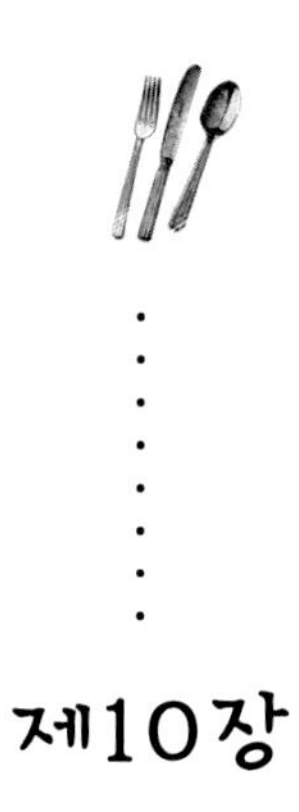

# 제10장

# 음식에 얽힌 에피소드



여기에서는 우리 생활과 밀접한 관련이 있는 음식에 관한 다양한 에피소드를 소개하겠다.

## 음식점의 물 제공 서비스 – 물이 풍부한 일본 특유의 관습

일본에서는 모든 음식점에서 먼저 물을 무료로 준비해 준다. 음식점의 물 제공 서비스는 고객에 대한 최초의 서비스이기도 하다. 물은 무한 제공되며 손님이 언제든지 자유롭게 마실 수 있다.

필자가 중국에 갔을 때, 음식점에서 물을 달라고 했더니 음식점 주인이 나에게 근처 편의점에서 사 오라고 말한 적이 있다. 물론 중국은 차가운 것을 좋아하지 않는 풍습이 있어 따뜻한 물을 부탁했으면 나왔을지도 모른다.

아무튼 물을 준비해 주는 것은 일본 특유의 서비스이다. 세계에는 물이 부족한 나라가 많고 일본처럼 수돗물의 양과 질이 뛰어나 그냥 마실 수 있는 나라도 드물다.

다른 나라에서는 레스토랑 메뉴에 '생수'가 있어서 주문해야 물을 마실 수 있다. 또한 유럽 등에서는 이른바 경수(硬水)가 주류인데 일본인은 자국의 연수(軟水)에 익숙해서 경수는 마실만한 것이 못 된다.

### ・가장 처음 물을 제공한 곳은 커피숍

과거 일본에서는 병에 든 생수는 수돗물보다 고급이었다. 클럽 등에서는 주로 위스키에 섞기 위해 생수를 사용했다. 이에 생수를 판매하는 음료 브랜드는 '손님 앞에서 수도꼭지를 여세요.(お客の前で開栓を!)' 라고 어필하기도 했다.

그런데 일본 음식점의 물 제공 서비스는 언제부터 시작된 것일까? 커피를 마시기 시작한 다이쇼 시대에 검고 씁쓸한 커피에 익숙하지 않은 일본인들을 위해 커피숍에서 커피를 마실 때마다 입가심을 위해 물을 제공한 것이 시초

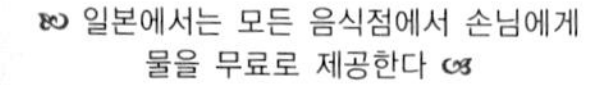

일본에서는 모든 음식점에서 손님에게 물을 무료로 제공한다

라고 한다. 바에서 체이서(chaser)*로 나오는 물은 또 의미가 다르다. 지금은 은은한 과일 향이 나는 물을 제공하는 센스있는 음식점도 있다.

## 손으로 쥐고 손으로 먹는 일본의 먹는 방법

일본인은 보통 빵은 손으로 먹지만, 밥은 젓가락으로 먹는다. 하지만 주먹밥, 초밥은 손으로 먹는다.

고급 초밥은 밥알이 입 안에서 사르르 퍼지도록 만들고 한 관(貫)당 밥의 양도 적다. 초밥집 카운터에 자신이 먹고 싶은 메뉴를 주문하면 요리사가 손으로 초밥을 만들어 카운터에 올려 주고 손님도 그것을 손으로 들고 먹는다. 이 주고받는 모습이 바로 에도풍의 멋이라 할 수 있다.

초밥을 손에 들고 조금 손목을 돌려 간장을 적시면 밥알이 간장 접시에 떨어지는 일도 없고 잽싸게 먹을 수 있다.

군함말이(김으로 감싼 밥 위에 성게, 이크라 등을 얹은 초밥)는 밥 위에 여러 가지 재료가 올려져 있기 때문에 간장을 찍어 먹기 애매하다. 그래서 식초에 절인 생강에 간장을 찍어 위에 올려져 있는 재료에 간장을 뿌려 먹는다. 요즘은 군함말이용 간장 용기가 놓여 있는 가게도 있다.

### · 독특한 일식의 세계

선진국 중에서도, 날것(회)을 맨손으로 쥐어 만들거나 먹는 음식은 매우 드

* 독한 술 뒤에 마시는 물이나 음료수.

묻다고 할 수 있다. 일본에서는 회나 초밥 이외에도 마른 안주, 전병, 초콜릿 등 과자류나 삶은 풋콩, 누에콩 등을 손으로 먹는다. 피자는 본고장 이탈리아에서는 나이프와 포크를 사용하지만, 일본에는 맨손으로 먹는 사람도 많다.

## '일본 도시락은 세계 최고' 제철 음식을 소재로 만들어 영양 밸런스는 최고

전통적인 일본 도시락은 밥에 어패류와 고기 등의 반찬을 위주로 올려 놓고 거기에 매실장아찌 등의 절인 음식을 곁들인다. 삼각 김밥과 유부 초밥 등을 담은 도시락도 인기가 높다.

일본의 전통적인 도시락은 각각의 가정에서 만든 것이며 가사일의 하나로 중요한 위치를 차지했다. 제철 음식을 사용하여 재료의 장점을 살려 조리하므로 무엇보다도 영양의 균형이 뛰어나다. 또 모양도 아름답고 먹기 쉽게 만들어져 있다. 일본의 도시락은 외국에서도 주목 받고 있어 세계 제일이라 해도 과언이 아니다.



### · 제조는 24시간 체제

'마쿠노우치(幕の内弁当) 도시락'은 일본에서 매우 인기 있는 도시락으로 이것은 에도 시대부터 만들어지기 시작했다.

일본에서는 메이지 시대에 철도 역에서 '에키벤(駅弁)'이라는 도시락을 팔기 시작했으며, 제2차 세계대전 후에는 슈퍼마켓 등에서도 판매하기 시작했다.

일본 편의점에 납품하는 도시락의 제조 공장은 24시간 체제에서 조업하는데 하루에 많게는 몇 만개가 생산되는 규모이다. 이들 도시락에는 플라스틱 혹은 종이 용기가 사용되는 경우가 많다.



단체 여행이나 제사 등 동일한 모양의 도시락이 대량으로 요구되는 상황을 위해 도시락을 제조하는 맞춤 음식점도 많다.

맞춤 도시락의 경우에는 윗면에 '도시락(御弁当)'이나 '요리(御料理)' 등의 글씨가 적힌 종이가 붙어 있는 것도 많다.

## 음식 샘플 – 일본에서 탄생한 독자적인 방법

음식 샘플은 음식점의 매장 또는 가게에 진열하는 요리 모형이다. 형태가 변하지 않고 부패하지 않는 재료를 주원료로 만들어 상품의 세부 내용을 시각적으로 설명함과 동시에 상품명이나 가격을 제시함으로써 메뉴의 역할을 톡

톡히 한다. 이것은 다이쇼 시대부터 쇼와 초기에 걸쳐 일본에서 고안된 방법인데, 음식 샘플과 관련된 단체가 없어 공통의 룰도 존재하지 않는다.

음식 샘플이라는 호칭은 전후에 불리게 된 것으로 음식 모형과 식품 모형이라고 불리기도 한다.

### ·음식 샘플 제작 방법의 변화

초기의 음식 샘플은 실물을 우뭇가사리로 본을 뜨고 밀랍으로 채워 넣어 만들었다. 밀랍은 미리 물감을 녹이고 색을 입힌 것이 사용되며 제품 보강을 실시하기 위해서 탈지면으로 배접한 뒤 표면을 따라 생생하게 채색을 했다.

이러한 일련의 작업은 수작업으로 이루어지고 있어서 실제로 음식점에서 제공하는 모양(접시, 제공, 양 등)에 가까운 음식 샘플 제작이 이루어졌다.



음식 샘플은 사람들에게 음식의 이미지를 환기시켜 많은 손님을 끌어 모을 수 있는 장치로서 널리 알려지게 되었고 이에 따라 음식 샘플 생산업자에 대한 수주가 증가했다.

이후 원자재는 잘 녹아 망가지기 쉬운 밀랍의 단점을 보완한 합성 수지로 변화해 가고, 생산의 간략화를 목적으로 한 합성 수지용 금속 거푸집 등이 개발됐다. 이에 따라 보다 치밀하고 진짜같은 음식 샘플이 제작되었다.

음식 샘플은 사실적인 동시에 비현실성을 겸비하는 경우가 있는데 이른바 '순간적인 표현'이다. 대표적으로 음식점 등에서 볼 수 있는 찐빵류에 칼

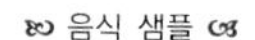

자극을 내서 내부에 들어간 음식재료까지 표현한 것, 국수를 젓가락이나 포크로 들어 올리는 동적 표현을 가미한 것 등이 있다.

음식점에서 제공되는 음식은 같은 요리라도 가게에 따라 색깔이나 그릇에 담긴 모양 등이 다르기에 음식 샘플은 기본적으로 수작업으로 이루어지는데 주문한 식당의 요리 사진이나 직접 말한 사양에 따라 맞춤형으로 제작한다.

제작은 본뜨는 방법이 대표적이지만, 음식재료와 요리에 따라 다양한 기술이 존재한다. 이러한 기술을 언제, 누가 창출했는지에 관한 자료는 남아있지도 알려져 있지도 않다.

### · 한국의 음식 샘플

한국은 일본 다음으로 음식 샘플이 일반적으로 정착한 나라이다. 그 시초는 서울 올림픽이 개최된 1988년이었다. 일본 기업과 제휴한 패밀리 레스토랑이나 서양의 비어 홀 등이 한국으로 진출하면서 서울에 새로운 음식 형태가 차례차례로 생겨났다.

음식 샘플이 가진 3차원적인 설명 능력은 한글 메뉴를 읽을 수 없는 외국인 관광객들에게 큰 도움이 되었고 서울을 비롯하여 경기가 개최될 예정인 각 도시에서 음식 샘플의 설치가 장려됐다.

## 칼로리 기준으로 보는 식량자급률의 파장

일본의 식량자급률은 전후 계속해서 내려가 1965년도에는 칼로리 기준

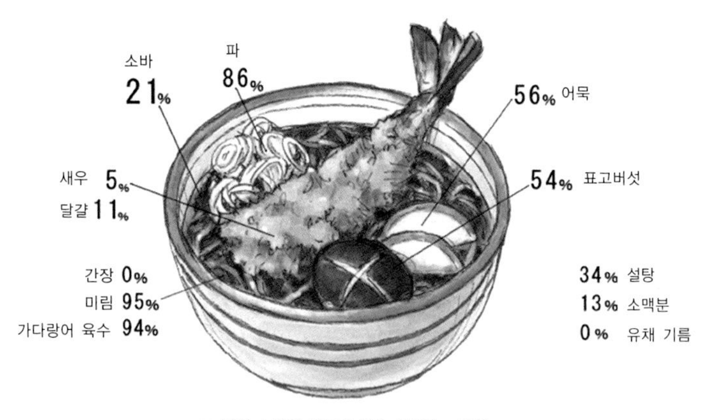


튀김 소바의 칼로리 기준 자급률 = 20%
(국산열량 합계÷소비열량 합계)

일식 메뉴로 알려진 튀김 소바는 모든 원재료가 일본에서 만들어지는 것은 아니다. 자급률을 환산하면 20% 정도이다.

으로 73%였던 자급율이 2012년도에는 39%까지 떨어졌다. 쌀과 설탕 등을 제외한 대부분의 식량자급률이 1965년 당시에 비해 현저히 저하되었고, 그만큼 수입에 의존하고 있다.

이 수치는 세계 주요 선진국 중 최저 수준에 해당하며 약 60%를 수입에 의존하고 있다는 것을 나타낸다. 이는 일본의 식생활이 지난 수십 년 사이에 크게 변화한 것이 주요 원인으로 알려져 있다.

이전에는 쌀, 채소 등의 자급 가능한 식량 중심의 식생활이었지만, 해마다 냉동·가공식품이나 지방분이 많은 식품 등의 섭취량이 늘고 있다. 그리고 이들 식품은 원료를 수입하는 경우가 많다.

### · 생산량 기준으로는 66%로 낮지 않다

그러나 문제는 냉동·가공 식품뿐 아니라. 육류, 달걀, 조미료 등 언뜻 국산으로 보이는 것도 사실은 원료와 사료의 대부분이 수입품인 경우가 많다. 이는 자급률 저하의 원인이 된다. 대표적인 일본 음식인 튀김 소바도 재료의 약 80%는 수입품이라는 것이 놀라울 따름이다.

한편 일본의 식량자급률은 결코 낮지 않다. 칼로리 기준으로는 '39%'로 선진국 중 최저 수준이라고는 하지만, 생산량을 바탕으로 보면 66%로 다른 나라와 비슷한 수준이다.

일본은 유통 기한이 지나 폐기하는 음식 재료의 양(칼로리)이 상당하다. 한편 '칼로리 기준으로 계산하면 폐기한 식품이 많을수록 식량자급률이 낮아진다', '다른 국가들은 칼로리 기준으로 종합 식량자급률을 계산하지 않는다' 등의 반론도 나오고 있다.

## 아침의 중요성 – 정부의 목표는 아침을 굶는 사람의 비율을 줄이는 것



'하루의 시작은 아침 식사부터!'라고 하지만, 바쁜 현대인은 아침 밥을 먹지 않고 하루를 시작하는 일도 적지 않다. 그러나 아침 식사를 하지 않으면 마음이나 몸에 나쁜 영향을 주는 것으로 밝혀졌다.

건강 유지·증진을 위한 식습관은 물론 가족과의 대화를 위해서라도 식사는 중요하며 성장기 학생에게는 아침 식사가 반드시 필요하다.

후생노동성의 '국민 건강·영양 조사'에서 20대 남성 3명 중 1명이, 여성은 4명 중 1명 이상이 아침을 거르는 것으로 나타났다. '아침을 거른다'에는 '정제 및 영양 드링크만 먹는다'와 '과자나 과일, 유제품만 먹는다'도 포함한다.

ꕥ 일본식 아침 식사 ꕥ

후생노동성은 '아침을 굶는 사람의 비율을 감소하겠다'는 목표를 세웠다. 목표치는 중학생, 고등학생은 0%, 20대(남자)는 15% 이하다.



### ▪ 밥과 국 그리고 반찬으로 구성된 일본식 식사가 이상적

아침에는 주식 · 주채 · 부채 · 탕을 배합한 '밥과 국 그리고 반찬'으로 구성된 일본식 식사가 이상적이다. 주식 '밥', 주채 '생선 구이', 부채 '시금치 나물', 탕 '조개 된장국'을 예로 들 수 있다.

주식은 밥, 빵 등 녹말을 많이 포함한 뇌에 에너지를 공급하는 것, 주채는 고기 · 생선 · 콩 · 달걀 · 우유 등 몸을 만들고 체온을 올리기 위해 단백질을 많이 포함한 것으로 한다. 부채는 채소 · 해조류, 과일 등 몸 상태를 조절해주는 비타민과 미네랄이 풍부한 음식이 좋다.

아침 식사를 하면 뇌를 포함한 전신의 체온이 상승하기에 몸이 깨어나 활

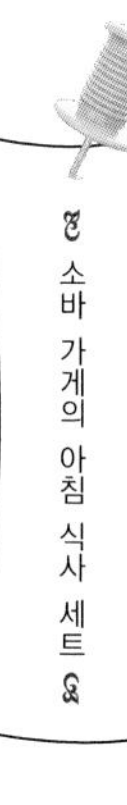

소바 가게의 아침 식사 세트

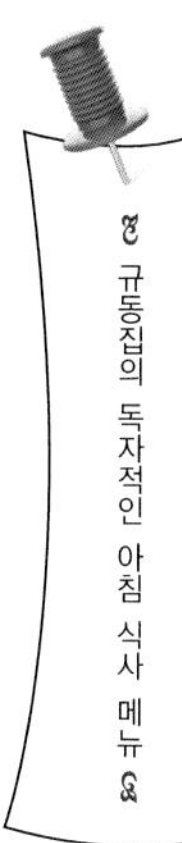

규동집의 독자적인 아침 식사 메뉴

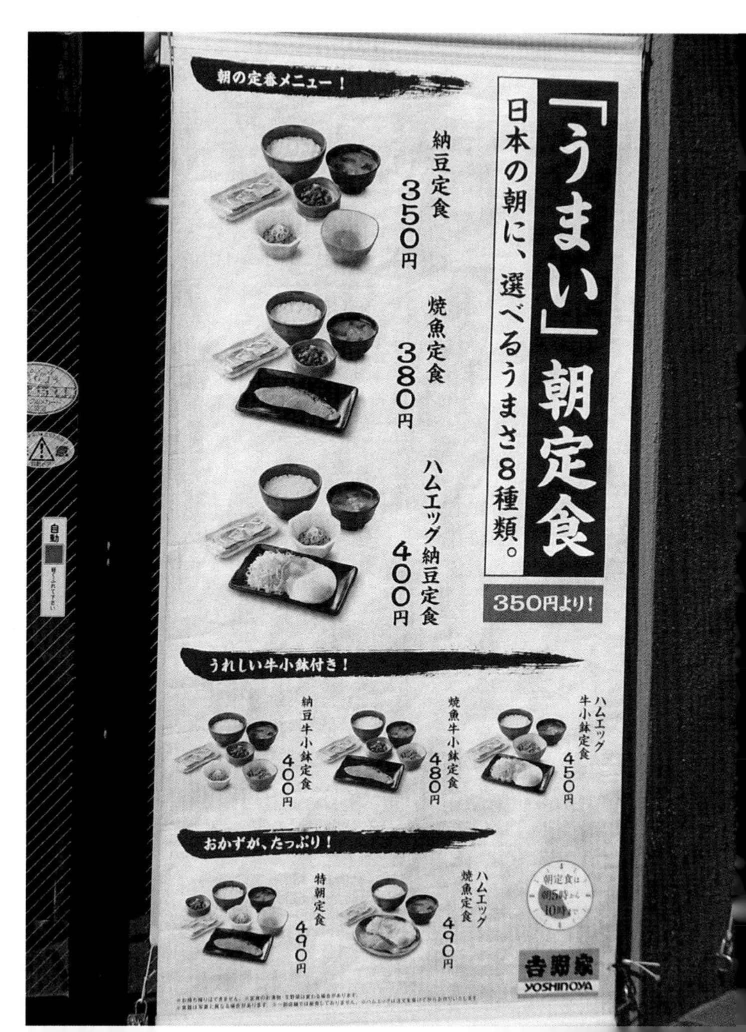

발히 활동할 수 있다. 아침에 배변이 시원하게 이루어지면 좋은 몸 상태가 갖추어져 기분이 개운하다. 또 저항력이 생겨 병에 잘 걸리지 않는다.

## 막걸리 – 전에 없던 붐, 일본 시장에 정착

막걸리는 쌀을 원료로 만든 알코올 발효 음료로서 한반도의 전통 술이다. 알코올 도수는 6~8% 정도로 쌀을 원료로 만드는 단시코미(段仕込み)*와 물 희석 과정을 거치는 청주, 니고리자케(にごり酒)의 절반 정도이다.

막걸리

젖산 발효에 의해 잡균의 번식이 억제되는 점은 청주와 같지만, 일반적으로 막걸리는 유산균 음료와 같은 희미한 산미와 탄산 기포가 더 강하다. 발효를 지속하는 것도 많으며 발효가 너무 많이 된 막걸리는 산미와 탄산이 더 강하다.

캔 막걸리

막걸리는 과거 일본에서는 고깃집, 한식당에서 직접 만든 한 되짜리 병에 담아 판매했기 때문에 일부 애주가들만 마시곤 했다. 그것을 일본 업체가 일반 시장에 확산하기 위해 제품으로 개발했고 대중적인 술이 되었다.

막걸리는 일본에서 2~3년 전에 이전에 없었던 붐을 일

* 효모에 균을 넣어 술지게미를 만들 때 세 번으로 나누어 넣는 공정.

으키며 소비 시장에서 계속 확대됐다. 현재 소비시장 확대는 한계점에 와 있지만, 술집 등에서 일반 상품으로서의 정착율은 상승하고 있다.

### · 생 막걸리 개발에 대한 기대

한국에서 마시는 막걸리는 대부분 생 막걸리이다. 일본에는 일본산 생 막걸리도 있지만, 수입 상품이 주류이다. 생 막걸리는 유산균이 살아 있어 유통기한이 90일로 통상 살균 막걸리의 4분의 1정도이다. 덧붙여 캡 부분에 가스를 빼기 위한 홈이 있기에 옆으로 누이지 못하는 등 취급에 주의를 요한다. 이러한 점에서 일부 식당 이외에는 도입이 진전되지 못한 실정이다.

대형 마트 등에 의한 PB(개인 브랜드) 막걸리도 시판되고 있으며 저가 경쟁도 이루어지고 있다. 또 병에 든 막걸리를 대기업들이 출시함에 따라 중소기업들도 합세하여 출시가 잇따랐지만, 경쟁 분야에 밀려 고전을 면치 못했다. 아무튼 역시 현지에서 마시는 생 막걸리의 맛을 재현하는 것이 일본에서도 요구되므로 새로운 상품 개발이 앞으로도 기대된다.



## 탄생 비화

### · 니쿠자가(肉じゃが)*는 비프 스튜에서

니쿠자가는 원래 도고 헤이하치로(東郷平八郎)가 영국에서 먹었던 비프 스튜를 무리하게 재현하려고 만든 것이다. 마이즈루 진수부(舞鶴鎮

∞ 니쿠자가 ∞

* 일본식 소고기 감자 조림.

守府)의 초대 진수부 장관에 부임한 도고(東鄕) 제독은 영국 유학 시절에 먹었던 비프 스튜의 맛을 잊지 못해 부하에게 '비프 스튜를 만들라'고 명했다. 비프 스튜가 무엇인지 알지 못했던 주방장이 데미글라스 소스 대신 간장과 설탕을 이용해 고군분투한 결과 탄생한 것이 '니쿠자가'였다. 이후 니쿠자가는 '양식을 대신해 효과적으로 소고기를 섭취할 수 있는 획기적인 요리'로서 해군에서 큰 인기를 끌었다.

## 마가린은 나폴레옹 3세가 만들게 했다

마가린은 19세기 말에 발명되었다. 1869년에 나폴레옹 3세가 군사용과 비군사용으로 저렴한 가격의 버터 대용품을 모집하였는데, 프랑스인 이폴리트 메주 무리에(Hippolyte Mege-Mouriez)가 우지(牛脂)에 우유 등을 넣어 굳히는

방법을 고안해냈다. 이는 올레오 마가린이라는 이름이 붙었는데 후에는 마가린이라고 불리었다.

## 음식 기념일 – 다양한 식품을 홍보하는 날

음식 기념일은 기업·업계 단체 등이 상품의 판매 촉진을 목적으로 제정하는 경우가 많은데 기념일 이름은 대부분 기념일과 관련된 단어를 조합해서 만든다. 또 예전부터 많은 사람에게 전해 내려온 전통을 바탕으로 제정된 기념일도 있다. 어쨌든 기념일은 '일본 기념일 협회'에 신청하여 인정받아야 한다.

### ▪1월 6일 '케이크의 날'

1879년 우에노에 위치한 풍월당(風月堂)이라는 제과점에서 일본 최초의 케이크를 선전한 것을 기념하는 날이다.

우에노에 위치한 풍월당

▪ 1월 10일 '명란젓의 날'

1949년에 하카타(博多) 구 나카스(中州)에 위치한 '후쿠야(ふくや)'가 처음 명란젓을 발매한 것을 기념하는 날이다.

후쿠야의 내부



▪ 1월 11일 '가가미비라키(鏡開き)·구라비라키(蔵開き)(다루자케(樽酒)의 날)'

1월 11일에 정월 동안 올려 두었던 가가미모치(鏡餅)*를 내려, 가족들과 나눠 먹으며 무병식재(無病息災), 장수를 기원하고 먹는 습관을 '가가미비라키'라고 부른 것에서 유래했다.

▪ 1월 17일 '주먹밥(おむすび)의 날'

1995년 1월 17일은 한신·아와지 대지진이 일어난 날로 이재민은 자원봉사자들에게 식사로 주먹밥을 공급 받았다. 봉사자들의 선의를 잊지 않기 위

* 신불(神佛)에게 바치거나, 정월에 도코노마(床の間)에 차려 두는 둥글납작한 크고 작은 두 개의 떡.

해 밥 먹기 국민 운동 추진 협의회(ごはんを食べよう国民運動推進協議会)에서는 2000년 11월 24일 '주먹밥의 날'을 제정했다. 날짜는 한신·아와지 대지진 발생일인 1월 17일로 정했다.

· 1월 22일 '카레의 날'

1982년 전국 학교 영양사 협의회에서 1월 22일 급식 메뉴를 카레로 결정, 전국 초중고에서 일제히 카레 급식이 나온 날이다.

· 1월 25일 '핫 케이크의 날'

1902년 1월 25일은 홋카이도의 아사히카와(旭川) 시에서 일본 역사상 최저 기온을(영하 41.0℃) 기록한 날이다. 이에 따라 추운 날에는 따뜻한 핫 케이크를 먹고 몸을 녹이자는 뜻에서 1월 25일을 핫 케이크의 날로 제정했다.

· 1월 25일 '중화만두의 날'

핫 케이크의 날처럼 추운 날에는 중화만두를 먹고 몸을 녹이자는 뜻에서 제정했다.

· 2월 3일 '김밥의 날'

1987년에 김 생산업체가 제정했다. 세쓰분(節分) 저녁에 길한 방향(음양도〔陰陽道〕에서, 그 해의 간지에 따라 길한 방위라고 정해진 방향)을 향해 굵게 만 김밥 등을 먹으면 행복해진다는 전설로부터 이 날이 탄생했다.

· 2월 3일 '콩의 날'

2월 3일이 마메마키를 하는 세쓰분에 해당하는 경우가 많아 콩 제품을 취급하는 니치모(ニチモウ, 현 니치모바이오틱스)가 콩의 날로 제정했다.

· 2월 6일 '김의 날'

2월은 김 생산이 가장 왕성한 때이므로 '전국 김 조개류 어업 협동 조합 연합회'가 1966년에 제정했다.

· 2월 6일 '말차(抹茶)의 날'

니시오 차(西尾茶) 창업 120년을 기념해 아이치 현 니시오 시 차업 진흥 협의회가 말차의 날을 제정했다.

· 2월 14일 '초콜릿의 날'

일본 초콜릿·코코아 협회가 발렌타인 데이에 맞추어 초콜릿의 날을 제정했다.

· 2월 28일 '비스킷의 날'

비스킷은 라틴어로 '2번 구운 것'이라는 뜻이다. 일본어로 '두 번 구운 것(に(2)どや(8)かれたもの)'이라는 말에서 단어를 조합하여 1980년에 사단법인 전국 비스킷 협회가 제정했다.

비스킷 축제를 알리는 광고

▪ 3월 9일 '잡곡의 날'

일본 잡곡협회는 맛과 영양이 풍부한 작물 자원의 중요성 등 잡곡의 훌륭함을 전하는 기념일을 지정했다. 날짜는 3월 9일을 'ざっこく(잡곡)'이라고 부르는 것에서 유래했다.

잡곡



▪ 3월 14일 '화이트데이'

발렌타인데이에 반대되는 날. 화이트데이의 유래에 대해서는 몇 가지 설이 있다.

고디바 재팬, 'GODIVA White Day Miss Chocolate' 선발

### ▪ 3월 27일 '미즈나스(水なす)*의 날'

오사카(大阪) 부 절임 음식(漬物) 사업 협동 조합이 제정했다. 일본어로 숫자 32와 7을 '미즈(32)나스(7)'라고 읽고 이 시기부터 여름을 겨냥해 본격적인 출하가 시작됨에 따라 날짜를 3월 27일로 정했다.

### ▪ 4월 3일 '강낭콩(いんげん豆)의 날'

강낭콩을 중국에서 일본으로 가져온 것으로 알려진 인겐(いんげん) 선사의 기일인 4월 3일을 강낭콩의 날로 정했다.

### ▪ 4월 4일 '앙금빵(속에 팥소를 넣은 빵)의 날'

1875년 긴자에 있는 기무라야(木村屋) 제과점에서 처음으로 궁중에 앙금빵을 헌납한 날을 기념하는 날이다.

긴자에 있는 기무라야

* 가지의 품종군으로 일반 가지보다 수분이 풍부하다.

### ▪ 4월 9일 '음식과 채소 소믈리에의 날'

일본 채소·과일 마이스터 협회가 제정했다. 채소나 과일을 먹는 풍부한 식생활을 하자고 제기하는 날로 음식을 즐기는 사회 실현을 강조하면서 식사에 관해 생각해보고 가족과 함께 식사하는 날로 만들고자 하는 것이 목적이다.

### ▪ 4월 10일 '요오드 달걀의 날'

일본 농산 공업 주식회사는 일본 기념일 협회(대표: 가세 기요시[加瀨清志])에 4월 10일을 '요오드 달걀의 날'로 등록하는 신청서를 제출해 2010년에 정식으로 인정되었다. 날짜는 일본어로 4와 10을 '요오드'라고 읽기에 4월 10일로 정했다. 새 학기가 시작하는 이 시기에 아이들이 요오드 달걀으로 영양을 섭취하고 건강하게 지내길 바란다는 의미도 담겨 있다.

요오드 달걀의 영양을 어필하는 날이다

### ▪ 4월 10일 '에키벤(駅弁)의 날'

에키벤의 날은 '일본 철도 구내 영업 중앙회(日本鉄道構内営業中央会)'가 1933년에 제정했다. 날짜는 일본 최초의 에키벤이 1885년 7월 16일에 우쓰노미야(宇都宮) 역에서 등장했다는 설이 유력하지만, 7월에는 도시락이 상하기 쉬워 여행 시즌인 4월로 정했다. 또 숫자 '4(로마자)'와 '10(十, 한자)'을 합치면 '도시락(弁)'을 뜻하는 글자 모양이 만들어지기에 4월 10일로 정했다.

### ▪ 4월 12일 '빵의 날'

1842년 4월 12일, 에가와타로자에몬(江川太郎左衛門)이라는 대관(代官)이 일본 최초로 '군량 빵'이라는 것을 제조하기 시작했다. 이 날을 기념하여 빵 보급 협회(パン食普及協会)가 1983년에 4월 12일을 빵의 날로 제정했다.

### ▪ 4월 13일 '수산 데이'

1901년(메이지 34년) 어업의 기본적인 제도를 정한 구 어업법이 제정된 날이다. 이것을 기념해 1933년(쇼와 8년)에 대일본수산회(대수)가 이날을 수산데이로 제정했다.



### ▪ 4월 14일 '오렌지 데이'

감귤 생산 농가가 1994년에 일본 기념일 협회에 등록한 기념일이다.

### ▪ 4월 23일 '향토 맥주의 날'

독일의 맥주 순수령(1516년)이 제정된 기념일로서 지역 맥주의 날 선고 위원회(ビールの日選考委員会)가 제정했다.

### ▪ 4월 29일 '양 고기의 날'

4, 2, 9라는 숫자와 양(4, ヨウ) · 고기(29, ニク)는 읽는 법이 같기 때문에 2004년에 4월 29일을 양 고기의 날로 정했다.

### • 5월 1일 '녹차의 날'

일본 다업 중앙회(日本茶業中央会)가 하치주 하치야(八十八夜)*를 녹차의 날로 제정했다.

∞ 일본을 대표하는 녹차 ∞



### • 5월 1일 '캘리포니아 건포도 데이'

5월은 포도꽃이 캘리포니아 산 호아킨·바레이 일대에 피고, 열매를 맺기 시작하는 계절이다. 또 골든 위크 시기로 많은 사람이 여행과 스포츠를 즐기는 계절이기도 하다. 캘리포니아 건포도는 식탁에서뿐만 아니라 이러한 여행이나 스포츠 등 아웃도어 활동에서도 빼놓을 수 없는 식품이기에 5월 1일을 캘리포니아 건포도 데이로 정했다.

---

* 입춘으로부터 88일째 되는 날(5월 1, 2일경으로 파종의 적기).

### ▪ 5월 4일 '라무네(ラムネ)의 날'

1872년 5월 4일 도쿄의 지바 가쓰고로(千葉勝五郎)라는 사람이 라무네*를 만들어 판매하기 시작했고 이 날을 기념해 라무네의 날을 제정했다.

### ▪ 5월 5일 '미역의 날'

맛있는 새 미역이 시장에 나도는 이 시기에 '미역'의 장점을 알리기 위해 일본 미역 협회가 제정했다.

미역을 홍보하는 행사



### ▪ 5월 6일 '고로케의 날'

일본의 냉동식품 제조회사인 아지노치누야(味のちぬや)가 제정했다. 메이지 시대부터 사랑 받아 온 고로케를 나들이 시즌인 봄에 가족과 함께 먹자는 것이 목적이다. 날짜는 숫자 5(ご)와 6(ろく)을 부르는 법이 고로케(コロッケ)와 비슷하여 5월 6일로 정했다.

---

* 청량 탄산수에 시럽·향료를 가미한 음료.

· 5월 8일 '고야(비터멜론)의 날'

5월은 비터멜론의 출하가 늘어나는 시기로 JA 오키나와 경제연합회(JA沖縄経済連), 오키나와 현이 제정했다. 날짜는 일본에서는 비터멜론을 '고(ゴー, 5)야(ヤ, 8)'라고 부르기 때문에 5월 8일로 정했다.

· 5월 9일 '아이스크림의 날'

1869년 5월 9일에 일본에서 처음으로 아이스크림이 제조 판매된 것을 기념하기 위해 제정했다.

· 5월 12일 '아세롤라의 날'

이때가 아세롤라의 첫 수확 시기이므로 오키나와 현(沖縄県)의 모토부초(本部町)에서 제정했다.

· 5월 15일 '요구르트의 날'

요구르트를 세계에 보급시킨 러시아의 의학자 일리야 메치니코프(Ilya Ilich Mechnikov)의 생일인 5월 15일을 '요구르트 날'로 제정했다.

· 5월 24일 '다테마키(伊達巻)의 날'

초밥 재료를 판매하는 센니치소혼사(千日総本社)에서 제정했다. 다테마키를 일본 음식 문화로서 후세에게 널리 전하는 것이 목적이다. 날짜는 전국(戦国)의 무장으로 유명한 다테 마사무네의 기일(5월 24일)에서 유래했다.

· 5월 29일 '곤약의 날'

5월경에 종우(種芋)를 심기 때문에 5월 29일을 '곤약의 날'로 제정했다.

### ▪ 6월 1일 '보리차의 날'

보리차의 원료인 보리의 수확을 시작하는 날이며, 보리차의 계절이 시작되는 때이므로 일본 보리차 공업 협동 조합이 제정했다.

☙ 길거리에서 보리차를 시음하고 있다 ❧



### ▪ 6월 1일 '추잉껌의 날'

헤이안(平安) 시대에는 1월 1일과 6월 1일에 떡 등의 단단한 음식을 먹고 건강과 장수를 비는 '하가타메(歯固め)'*의 풍습이 있었다. 그에 따라 1994년 일본 추잉껌 협회가 이 날을 추잉껌의 날로 제정했다.

### ▪ 6월 1일 '우유의 날'

2001년 유엔 식량 농업 기구(FAO)는 우유에 대한 관심을 높여 낙농과 유

---

* 건강과 장수를 바라며, 정초의 사흘 동안 떡 · 멧돼지 고기 · 무 · 말린 밤 · 자반 · 은어 등 단단한 것을 먹는 행사 또는 그 음식을 말한다.

업을 많은 사람에게 알리는 것을 목적으로 6월 1일을 '세계 우유의 날(World Milk Day)'로 정했다. 이와 관련하여 일본에서도 2008년부터 매년 6월 1일을 '우유의 날', 6월을 '우유의 달'로 정했다.

· 6월 4일 '찐빵의 날'

일본의 제빵 회사인 니치료세이팡(日糧製パン) 주식회사가 제정한 날로 이 회사가 제조·판매하는 찐빵을 광고하는 날이다. 아이들도 먹기 쉬운 찐빵을 아침 식사나 간식 등으로 더 많이 먹게 하는 것이 목적이다. 날짜는 숫자 6(む), 4(し)와 찐빵(むし)의 읽는 법이 비슷하여 6월 4일로 정했다.

· 6월 6일 '롤 케이크의 날'

롤 케이크를 통해 기타규슈(北九州)·고쿠라(小倉) 마을이 부흥하기를 바라며 고쿠라 롤 케이크 연구회가 제정했다.



· 6월 10일 '밀크 캐러멜의 날'

모리나가(森永) 제과가 2000년 3월에 제정했다. 1913년 6월 10일은 모리나가 제과가 '모리나가 밀크 캐러멜'을 발매한 날이다. 그전까지는 '캐러멜'이라고만 표기하여 판매했었다.

· 6월 10일 '무설탕(無糖, 무토우) 차 음료의 날'

녹차, 보리차 등의 무설탕 차 음료 메이커 이토엔이 제정했다. 날짜는 일본어로 6과 10을 무(む, 무)토우(10, 당)라고 부르기 때문에 6월 10일로 정했다.

· 6월 11일 '매실주의 날'

2004년(헤세이 16년)에 초야(チョーヤ) 매실주 주식회사가 제정했다. 날짜는 장마철인 6월부터 전국적으로 매실 수확이 시작되어, 매실주 만드는 시즌에 돌입함에 따라 6월 11일로 정했다. 이 날은 고품질의 매실주를 많은 사람이 즐기는 것이 목적이다. 또 이때부터 매실주를 마시고 여름을 잘 극복하자는 의미도 담겨 있다.

· 6월 15일 '생강의 날'

식품 제조회사인 나가타니 엔(永谷園)이 제정한 것으로 생강의 매력을 많은 사람에게 알리는 것이 목적이다. 날짜는 나라 시대부터 생강을 신에게 공물로 바치며, 6월 15일에 감사의 축제가 열리기에 6월 15일로 정했다.



· 6월 16일 '무기토로(麦とろ)의 날'

더위 해소를 위해 무기토로(참마즙을 뿌린 보리밥)를 먹고 여름을 건강하게 극복하자는 뜻에서 보리밥 모임이 2001년에 제정했다. 보리밥의 이미지 제고 및 보급을 목표로 하고 있으며 날짜는 무기토로와 발음이 비슷한 숫자 6과 16을 조합하여 정했다.

· 6월 16일 '화과자의 날'

헤이안 시대 848년경 일본에 돌림병이 확산됨에 따라 닌묘 천황이 연호를 '가조(嘉祥)'로 고치고 6월 16일에 16개의 과자와 떡을 신에게 바치고 역병, 건강 초복를 기원했다고 한다. 전국 화과자 협회가 이것을 현대에 되살린 것이 화과자의 날이다.

- 6월 18일 '주먹밥(おにぎり)의 날'

이시카와 현 로쿠세이마치(鹿西町, 현 나카노토마치)에서 제정했다. 1987년(쇼와 62년)당시 로쿠세이마치(鹿西町) 스기타니차노바타케(杉谷チャノバタケ) 유적의 수혈식 주거지에서 일본에서 가장 오래된 '오니기리 화석'이 발견되었다. 이 '오니기리 화석'은 탄화해서 검은 돌처럼 보이며 야요이 시대 중기의 것으로 추정된다. 이것을 시작으로 이 마을은 '주먹밥 마을'이라는 것을 내세워 마을 살리기 운동을 하고 있다. 기념일 날짜는 '로쿠세이'와 발음이 비슷한 숫자 '6(로쿠)', 그리고 매달 18일이 '미식(米食)의 날'의 날이므로 6월 18일로 정했다.

- 6월 21일 '스낵의 날'

전 일본 과자 협회가 제정했다. 과자 브랜드가 하지를 기념해 제창한 것이 시작이라고 한다.

- 6월 27일 '회덮밥의 날'

주식회사 아지칸(あじかん)이 제정했다. 날짜는 회덮밥의 일종인 바라즈시(ばら寿司)의 탄생과 관련이 있다고 알려진 다이묘 이케다 미쓰마사(池田光政)의 기일인 1682년 6월 27일로 정했다.

- 6월 28일 '파르페의 날'

1950년 요미우리 야구팀의 후지모토 히데오(藤本英雄) 투수가 일본 프로야구 사상 첫 퍼펙트 게임을 달성한 것을 기념하여, 프랑스어로 완벽하다는 뜻의 파르페(parfait)를 어원으로 하는 파르페의 날이 제정됐다.

### • 6월 29일 '쓰쿠다니(佃煮)의 날'

1646년 6월 29일에 도쿄 쓰쿠다시마(佃島)의 스미요시(住吉) 신사가 지어지면서 전국 조리 식품 공업 협동 조합이 제정했다.

도쿄 쓰쿠다시마의 스미요시 신사



### • 7월 2일 '우동의 날'

매년 7월 2일경은 '반하생(半夏生)'*이다. 옛날, 사누키노쿠니(讃岐の国)에서 양력 7월 2일경에 모내기나 보리베기를 도와 준 사람들에게 그 해에 수확한 보리로 우동을 만들어 준 것에서 유래했다. 가가와(香川) 현 생면 사업 협동 조합이 1980년에 제정했다.

### • 7월 3일 '소프트아이스크림의 날'

1951년 7월 3일 메이지 신궁의 외원에서 열린 진주군이 주최한 카니발의 간이 음식점에서 일본인에게 처음으로 콘 모양 소프트아이스크림을 판매했

* 반하가 나올 무렵으로 하지로부터 11일째. 양력으로 7월 2일경.

다. 이것을 기념하여 일본 소프트아이스크림 협의회가 1990년에 7월 3일을 '소프트아이스크림의 날'로 제정했다.

• 7월 5일 '콩고물(きな粉)의 날'

전국 콩고물 공업회가 제정했다. 날짜는 콩고물과 숫자 7·5는 읽는 법이 비슷하기 때문에 7월 5일로 정했다.

• 7월 6일 '샐러드 기념일'

가수 다와라 마치(俵万智)가 1987년에 발표한 앨범에는 '이 맛이 좋다고 당신이 말했으니 7월 6일은 샐러드 기념일'이라는 가사의 노래가 있다. 이에 따라 7월 6일은 '샐러드 기념일'로 제정되었다.

• 7월 7일 '칼피스(カルピス)의 날'

1919년 식품 회사 라쿠토(ラクトー, 현재의 칼피스)가 유산균 음료 '칼피스'를 발매한 것을 기념하기 위해 제정했다.



• 7월 7일 '히야시주카(冷やし中華)*의 날'

이날이 24절기의 '소서(小暑)'에 해당하는 경우가 많고 여름 더위가 시작하는 무렵이어서 냉소바의 애호가 · 요리사들이 히야시주카의 날로 제정했다.

• 7월 7일 '건면의 날'

칠석날에 은하수와 비슷하게 생긴 소면을 먹는 풍습이 있었던 것에 따라 전국 건면 협동 조합 연합회가 1982년에 제정했다.

---

* 여름철 일본에서 많이 먹는 냉라면.

### ▪ 7월 7일 '붉은 차조기(赤しそ)의 날'

미시마(三島) 식품 주식회사가 제정한 것으로 이 회사가 제조·판매하는 후리카케*의 원료인 붉은 차조기를 선전한다.

### ▪ 7월 7일 '소면의 날'

1982년에 전국 건면 협동 조합 연합회가 제정했다. 일본의 헤이안 시대에 편찬된 '엔기시키(延喜式)'에 "칠석에는 사쿠베이(索餅, 국수의 원형이라고 하는 식품)를 바친다"고 나와 있어 7월 7일을 '소면의 날'로 정했다.

∞ 소면을 시식하는 행사 ∞

### ▪ 7월 14일 '젤라틴의 날·젤리의 날'

일본 젤라틴 공업 조합이 제정했다. 젤라틴이 프랑스 요리에 자주 사용되므로 프랑스 혁명의 날을 그 기념일로 정했다. 또, 젤리는 젤라틴을 주원료로 하기 때문에 마찬가지로 젤리의 날로도 제정되었다.

---

* 밥에 뿌려서 먹는 어육·김 등을 가루로 만든 식품.

▪ 7월 15일 '홋피(ホッピー)의 날'

홋피 베버리지(ホッピービバレッジ) 주식회사가 제정했다. 홋피를 널리 알리는 것이 목적으로 날짜는 제조 판매를 개시한 1948년(쇼와 23년) 7월 15일로 정했다.

▪ 7월 16일 '에키벤(駅弁) 기념일'

1885년 7월 16일에 개업한 일본 철도의 우쓰노미야 역에서 일본 최초의 에키벤이 발매되었고(다만 이보다 빨리 다른 역에서 에키벤이 판매되고 있었다는 주장도 있다) 그것을 기념하는 날이다. 우쓰노미야 시에서 여관업을 경영하던 시라키야 가헤이(白木屋嘉平)가 우연히 그 여관에 묵었던 일본 철도 중역의 추천으로 에키벤을 판매하기 시작했다고 한다. 도시락에는 주먹밥 2개와 단무지를 대나무 껍질에 싼 것이 들어 있었고 가격은 5전이었다.



▪ 7월 20일 '햄버거의 날'

1971년 도쿄·긴자 미쓰코시(三越) 백화점 내에 일본 맥도날드 1호점이 개장한 것을 기념하여 일본 맥도날드가 1996년에 제정했다.

▪ 7월 25일 '화학 조미료의 날'

화학 조미료의 보급을 목표로 일본 화학 조미료 협회가 제정했다. 날짜는 1908년 도쿄 대학의 전신인 도쿄 제국 대학의 교수 이케다 기쿠나에(池田菊苗)가 '글루탐산염을 주성분으로 하는 조미료 제조법'으로 특허를 취득한 날짜인 7월 25일로 정했다.

최초로 발매된 화학 조미료 아지노모토(味の素)

· 7월 27일 '수박의 날'

수박 줄무늬를 줄에 비유하여 27을 '밧줄(つ[2]な[7])'이라고 읽음에 따라 7월 27일로 정했다.

· 7월 28일 '푸성귀(なっぱ)의 날'

푸성귀를 먹고, 여름 타는 것을 막기 위한 날이다. 푸성귀와 발음이 비슷한 숫자 7(な), 2(つ), 8(ぱ)를 조합하여 7월 28일로 정했다.

· 7월 29일 '후쿠진즈케(福神漬)*의 날'

후쿠진즈케 명칭은 일곱 복신에서 따온 것으로 숫자 7(しち; 일곱)과 복(ふく)과 발음이 비슷한 29(ふく)를 조합한 7월 29일로 정했다.

· 7월 30일 '매실장아찌의 날'



와카야마(和歌山) 미나베가와무라(南部川村)에 위치한 매실장아찌 전문점 도노엔(東農園)이 제정했다. 이맘때쯤이면 도요보시(土用干)**가 끝나고 새로운 매실장아찌를 먹을 수 있다. 날짜는 매실장아찌를 먹으면 '어려움이 없어진다(難が去る)'는 말이 전해지는데 이것은 숫자 7과 30의 발음과 비슷하므로 7월 30일로 정했다.

· 8월 1일 '물의 날'

물의 소중함과 수자원 개발의 중요성에 대한 국민의 관심을 높여 이해를

---

* 잘게 썬 무·가지·작두콩 등을 소금물에 절여 물기를 뺀 다음 간장에 조린 음식.

** 삼복 때 옷이나 책에 곰팡이가 나지 않도록 햇볕에 쬐고 바람에 쐬는 연중 행사.

증진시키기 위해 매년 8월 1일을 '물의 날'로 정했다. 이날을 시작으로 일주일간을 '물의 주간'으로 정해 국가와 지방 공공 단체 및 관계자들이 연계하여 각종 행사를 실시하고 있다.

∞ 물의 날을 선전하는 포스터 ∞

### ▪ 8월 7일 '오크라(オクラ)의 날'

이와테 현 모리오카(盛岡) 시의 청과물 가게 야오야 사사키(やおやささき)에서 제정했다. 오크라*의 단면이 별모양을 하고 있다 해서 칠석보다 한 달 늦은 날을 기념일로 정했다.

---

* 아욱과의 일년초로 노란 꽃이 핀다. 깍지는 수프 등에 쓰이고 씨는 커피 대용으로 쓰인다.

· 8월 8일 '백옥(白玉)의 날'

전국 곡류 공업 협동 조합이 제정했다. 날짜는 백옥을 쌓으면 모양이 8처럼 보이기 때문에 8월 8일로 정했다.

· 8월 8일 '블루베리의 날'

BlueBerry(BB)의 영어 표기에서 88을 연상하여 8월 8일을 '블루베리의 날'으로 정했다.

· 8월 18일 '미분의 날'

이날은 미분의 좋은 영양가와 식감 등을 어필하는 날로 미분 협회가 제정했다. 미분은 쌀로 만든 면으로 쌀에 대한 감사의 뜻이 담겨있다. 날짜는 '八十八(88)'을 조합하면 '米(쌀)'이 되기 때문에 8월 18일로 정했다.



· 8월 21일 '쓰케모노(漬物)의 날'

명월 후루야시 교외에 쓰케모노* 조상신으로 유명한 가야쓰(萱津) 신사가 있는데 그 옛날, 마을 사람들이 그 해에 땅에서 수확한 채소와 바다에서 수확한 소금을 공물로 바치기 위해 준비했다. 그러나 모처럼 준비한 공물이 썩는 것을 한탄한 사람들은 신전 옆에 독을 두고 준비한 공물을 모두 독 안에 넣어 바쳤다. 그 결과 채소가 알맞게 소금에 절여지게 되었다. 사람들은 때가 지나도 변하지 않는 신기한 맛을 신의 산물로서 '제병면제(諸病免除)', '만병쾌유(万病快癒)'의 부적으로서, 또 보존 식품으로서 비축했다. 이 고사에 따라 가야쓰

* 소금·초·된장·지게미 등에 절인 저장 식품의 총칭.

신사에서는 매년 8월 21일에 '쓰케모노 축제'를 열어 축하하고 있다. 그리고 쓰케모노 업계에서도 8월 21일을 '쓰케모노의 날'로 정하고 쓰케모노 보급에 힘쓰고 있다.

### ▪ 8월 25일 '즉석 라면 기념일'

1958년 세계 최초의 즉석 라면인 '치킨 라면'이 발매된 것을 기념해 닛신(日清) 식품에서 제정했다.

닛신 식품에서 발매된 치킨 라면

### ▪ 9월 6일 '검은콩의 날'

검은콩 제품을 만드는 기쿠치 식품 공업(菊池食品工)이 제정했다. 날짜는 검은콩의 '검은(くろ)'과 숫자 '9(く), 6(ろ)'의 발음이 비슷하므로 9월 6일로 정했다.

검은콩 조림은 일식에서 빼놓을 수 없는 반찬이다

· 9월 6일 '생크림의 날'

일본의 유업 회사 나카자와 후즈(中沢フーズ)가 제정했다. 가을은 케이크 등에 사용하는 생크림의 수요가 높아지는 계절이기도 하다. 날짜는 크림(クリーム)과 숫자 9(きゅう)+6(ろく)의 발음이 비슷하므로 9월 6일로 정했다.

· 9월 6일 '셰리(sherry)의 날'

스페인의 안달루시아 지방의 백포도주인 셰리를 보급하는 것을 목적으로 셰리 클럽이 제정했다. 날짜는 셰리에 사용하는 포도의 수확 시기가 9월 첫째 주이고 셰리를 따르는 도구 베넨시아의 모양이 숫자 9를 닮고 따를 때에는 숫자 6처럼 보여 9월 6일로 정했다.

· 9월 15일 '톳의 날'



톳을 먹으면 장수한다면서 경로의 날과 관련지어 일본 톳 협회가 제정했다

톳을 널리 보급하기 위한 날이다

### ▪ 10월 1일 '커피의 날'

국제 협정에 따라 커피의 신년도가 시작되는 날은 10월 1일이다. 1983년 전 일본 커피 협회가 신년도의 시작을 기념하여 제정했다.

### ▪ 10월 1일 '청주의 날'

1978년 일본 주조 조합 중앙회가 제정했다. 술이라는 글자는 '酉(유)'에서 유래했다. 십이지의 10번째는 '유'이며 '유'는 술독의 형태를 나타내는 상형 문자에서 술을 의미한다.

청주의 날을 기념하는 타종 행사

### ▪ 10월 1일 '일본 차의 날'

이토원이 제정했다. 텐쇼(天正) 15년 10월 1일(1587년 11월 1일), 도요토미 히데요시(豊臣秀吉)가 교토 기타노텐만구(北野天満宮)에서 큰 다회(茶會)를 개최한 것에서 유래했다.

· 10월 1일 '간장의 날'

청주의 날과 마찬가지로 '酉(유)'에서 유래했다. 간장은 그 해에 완성된 콩·밀을 원료로 손질해야 한다는 속설이 있다.

ᘓ 간장 품평회 ᘐ

· 10월 5일 '레몬의 날'

1983년 10월 5일은 시인 다카무라 고타로(高村光太郎)의 가장 사랑하는 아내 치에코(恵子)가 죽은 날이다. 그녀가 죽기 몇 시간 전에 레몬을 깨무는 모습을 보고 만든 『치에코쇼(智恵子抄)』의 「레몬애가」에 그때의 모습이 노래되고 있다.

• 10월 8일 '하이볼(ハイボール)*의 날'

산토리(サントリー)의 위스키는 십수 년의 시범 기간을 거쳐 1937년 10월 8일에 탄생했다. 이에 따라 10월 8일을 기념일로 제정했다.

• 10월 9일 '도쿠호(トクホ)의 날'

도쿠호의 날 추진 위원회가 제정했다. 특정 보건용 식품(도쿠호)을 일상 생활에 접목하여 생활습관병 예방을 호소한다.

• 10월 10일 '통조림의 날'

1877년 홋카이도(北海道) 이시카리초(石狩町)에 연어 통조림 공장을 설치하여 일본 최초의 본격적인 통조림 제조가 시작된 날이다.

• 10월 10일 '떡의 날'

전국 병공업 협동 조합(전병공)에서 '국내산 찹쌀 100%로 만든 포장 떡'의 수요 확대를 목표로 제정했다.

• 10월 10일 '참치의 날'

일본 다랑어 어업 협동 조합 연합회가 제정했다. 726년 이날 쇼무(聖武) 천황의 길벗으로 아카시(明石)에 간 야마베노 아카히토(山部赤人)가 참치를 찬송하는 노래를 부른 것에서 유래했다.

• 10월 10일 '오코노미야키(お好み焼き)의 날'

철판이나 핫 플레이트에 오코노미야키를 구울 때 주주(ジュージュー〔10.10〕)

* 위스키에 소다수를 넣고 얼음을 띄운 음료.

와 같이 맛있는 소리가 나고 모두 핫 플레이트에 둘러 앉아 먹는 모습이 고리(10의 0)처럼 보이기 때문에 10월 10일로 정해졌다.

- 10월 10일 '토마토의 날'

전국 토마토 공업회가 제정했다. 날짜는 토마토와 발음이 비슷한 10월 10일(ト[10]マト[10])일로 정했다.

- 10월 12일 '두유의 날'

일본 두유 협회가 제정했다. 날짜는 10월이 '체육의 날'이 있는 달이고 숫자 '12(とう[10]にゅう[2])'는 두유(とうにゅう)와 읽는 법이 비슷하므로 10월 12일로 정했다.

- 10월 13일 '고구마의 날'



'가와고에 고구마 친우회'가 제정했다. 10월은 고구마가 제철인 계절로 에도(江戸)에서 가와고에(川越)까지의 거리가 약 13리이고 또 고구마를 표현하는 '밤보다 맛있는 13리(栗〔九里〕より〔四里〕うまい十三里)'*라는 말이 있으므로 10월 13일로 정했다.

---

* 에도 시대에는 가을의 단 맛이라고 하면 사람들이 밤을 가장 먼저 떠올렸다고 한다. 고구마는 밤보다 조금 떨어지는 맛으로 여겼고 교토에 있는 군고구마 가게에서는 8리 반이라는 간판을 내걸었다고 한다(일본어로 밤과 9리는 발음이 같은데 밤보다 맛이 약간 떨어진다는 의미를 8리 반으로 표현). 이에 에도의 한 군고구마 가게에서는 고구마를 13리('밤'과 '9리', '~보다'를 뜻하는 일본어 'より'와 '4리'는 발음이 같으므로 9와 4를 더해 13리로 표현)라고 표현하여 간판을 내걸었는데 이것이 대히트하여 지금까지 이 말이 전해져온다고 한다.

▪ 10월 13일 '콩(豆)의 날'

마메메이게쓰(豆名月)에 콩을 준비해 먹던 풍습에서 유래했다. 마메메이게쓰인 음력 9월 13일은 양력으로 하면 그 해에 따라 날짜가 달라지므로 그 다음 달인, 10월 13일을 '콩의 날'로 정했다.

▪ 10월 15일 '버섯의 날'

1995년 일본 특용 진흥회가 버섯의 수요가 높아지는 10월의 한가운데인 15일을 기념일로 제정했다.

▪ 10월 17일 '오키나와(沖縄そば) 소바의 날'

메밀 가루를 전혀 쓰지 않는 오키나와 소바는 1976년 공정거래위원회로부터 항의가 발생했고 1977년 통칭으로서 현 내에서만 그 명칭을 사용하는 것으로 인가된다. 1978년 몇몇 조건 하에 특수 명칭으로서 사용이 허가되었고 그 기념으로 10월 17일을 오키나와 소바의 날로 정했다.



▪ 10월 18일 '냉동 식품의 날'

냉동 식품의 품질을 유지하기 위한 온도 영하 18도에 맞춰 제정됐다.

▪ 10월 26일 '기시멘(棊子麺)의 날'

식욕의 계절인 가을에 기시멘*의 특징을 나타내는 단어 '매끈매끈(ツルツル)'과 숫자 2626의 발음이 비슷하여 날짜를 10월 26일로 정했다.

---

* 가늘고 납작하게 만든 국수.

· 11월 1일 '홍차의 날'

문헌에 기록된 일본인이 처음 홍차를 마신 날이 11월 1일이었으므로 이 날을 홍차의 날로 제정했다.

· 11월 1일 '아와모리(泡盛)의 날'

가을은 아와모리*가 맛있게 익는 계절로 1989년 오키나와 현 주조 조합 연합회가 제정했다.

· 11월 1일 '초밥의 날'

가을은 햅쌀의 계절이고 또 초밥의 재료로 쓰이는 바다나 산에서 얻어지는 음식이 맛있는 시기로 1961년 전국 초밥상 환경 위생 동업 조합 연합회가 제정했다.



· 11월 1일 '본격소주(本格焼酎)의 날'

8~9월경에 빚은 신주를 마시는 것이 이 시기이다. 1987년 규슈에서 열린 본격소주 업자 회의에서 제정됐다.

본격소주와 아와모리 술의 상승 효과를 노린 선전

---

* 류큐(琉球) 지방 특산의 좁쌀 또는 쌀로 담근 (독한) 소주의 한 가지.

• 11월 1일 '노자와나(野沢菜)의 날'

노자와 온천 관광 협회가 제정했다. 나가노 현 노자와온센무라(野沢温泉村)의 특산품과 함께 노자와나*를 홍보한다.

• 11월 7일 '전골의 날'

식품 메이커 야마키가 제정했다. 날짜는 입동에 해당하는 11월 7일로 정했다.

• 11월 7일 '아라레(霰)**, 전병의 날'

1985년에 전국 쌀 과자 공업 조합이 제정했다. 햅쌀을 수확하는 계절에 고타쓰에 들어가 아라레와 전병을 즐기길 바란다며 매년 입동날을 '아라레, 전병의 날'로 제정했다.



• 11월 10일 '막걸리 누보의 날'

햅쌀로 만든 맛있는 막걸리를 마시는 날로, 날짜는 햅쌀로 만든 막걸리가 나오는 11월과 '좋다(いい)'를 의미하는 '1', 막걸리를 넣는 독(항아리)과 모양이 비슷한 '0'을 조합했다.

• 11월 11일 '연어(鮭)의 날'

연어라는 글자는 '魚(어)변에 十一, 十一'이라고 쓰기 때문에 11월 11일을 연어의 날로 정했다.

---

* 나가노 현의 지역 특산 채소.

** 주사위 모양으로 썬 떡을 튀겨서 맛을 낸 과자.

· 11월 11일 '치즈의 날'

일본 수입 치즈 보급 협회와 치즈 보급 협의회가 치즈의 날로 제정했다. 날짜는 외우기 쉬운 11월 11일로 정했다.

· 11월 15일 '어묵의 날'

날짜는 어묵이 일본 문헌에 처음 등장한 것이 에이큐(永久) 3년(1115년)이고 11월 15일이 '시치고산(七五三)'*으로 홍백색 어묵을 축하 선물로 준비하는 지방이 있으므로 11월 15일로 정했다.

· 11월 15일 '다시마의 날'

so 다시마의 날을 기념하는 센류(川柳) 콘테스트 모집 광고 ca

* 아이들의 성장을 축하하는 행사. 남자는 3세·5세, 여자는 3세·7세가 되는 해에 11월 15일에 빔을 입고 마을을 지키는 신에게 참배한다.

1982년 '시치고산'에 아이들에게도 다시마를 먹여 건강하게 자라게 하자는 의미로 일본 다시마 협회가 제정했다.

· 11월 17일 '연근의 날'

헤세이 6년 이바라키(茨城) 현 쓰치우라(土浦) 시에서 전국의 연근 산지 대표가 모인 '연근 서미트(summit)'에서 제정됐다.

· 11월 20일 '피자의 날'

철판인쇄(凸版印刷) 회사가 헤세이 7년에 피자를 이탈리아 문화의 심볼로서 홍보하는 날로 제정했다. 날짜는 마르게리타 피자 이름의 근원이 된 이탈리아 왕비(Margherita di Savoia)의 생일과 같은 11월 20일로 정했다.

· 11월 21일 '프라이드 치킨의 날'

1970년 이날 일본 KFC 제1호점이 나고야(名古屋) 시 교외에 오픈했는데 그것을 기념하여 제정했다.

· 11월 22일 '회전 초밥 기념일'

회전 초밥을 고안한 오사카(大阪)의 '마와루겐로쿠스시(廻る元禄寿司)'의 겐로쿠 산업이 제정했다.

· 11월 23일 '외식의 날'

1984년에 일본 푸드 서비스 협회가 창립 10주년을 기념해 제정했다. 항상 집안 일로 바쁜 엄마의 노고에 감사하기 위해 '근로 감사의 날(勤労感謝の日)'과 같은 11월 23일로 정했다.

· 11월 23일 '세키한(お赤飯)의 날'

예부터 일본인의 기쁘거나 경사스러운 자리에 빠뜨릴 수 없는 세키한*의 역사와 전통을 계승하는 것이 목적이다. 감사의 뜻을 담아 근로 감사의 날인 11월 23일을 '세키한의 날'로 정했다.

· 11월 23일 '별미의 날'

전국 진미 사업 협동 조합 연합회가 제정했다. 이날은 황궁과 이세 신궁 등에서 신에게 산해진미를 바치는 니이나메사이(新嘗祭)**가 열리는 날이고 숫자 11(いい)과 23(つまみ)이 '좋은 안주'라는 말과 발음이 비슷하므로 11월 23일로 정했다.

· 11월 30일 '미림의 날'



11은 '좋은', 30은 '미림'과 발음이 비슷하므로 '좋은 미림=본 미림'이라는 의미로 11월 30일을 '본 미림의 날'로 정했다.

· 12월 10일 '알로에 요구르트 날'

1994년 12월 10일 모리나가 유업(森永乳業)이 일본에서 처음으로 알로에를 넣은 요쿠르트를 발매한 날을 기념해 제정했다.

· 12월 19일 '슈크림의 날'

슈크림을 많은 고객에게 판매하는 것을 목적으로 몬테루 사(モンテール社)

---

* 팥을 둔 찰밥(경사스러운 날에 먹음).

** 11월 23일에 천황이 햇곡식을 천지(天地)의 신에게 바치고 친히 이것을 먹기도 하는 궁중 제사.

가 제정했다. 날짜는 슈크림과 발음이 비슷한 매월 19일을 슈크림의 날로 정했다.

- 12월 19일 '주쿠카레의 날'

주쿠카레(熟カレー)를 발매하고 있는 에자키구리코 사(江崎ごりコ社)가 제정한 날이다. 날짜는 '주쿠'와 '19'의 발음이 비슷하고 '카레루(カレールウ)'가 매달 20일 전후에 잘 팔리므로 12월 19일로 정했다.

- 12월 20일 '발아 채소의 날'

보통 채소보다 영양이 높고 생활 습관병 예방으로도 주목받는 발아 채소를 알리기 위해 발아 채소를 만드는 주식회사 무라카미노엔(村上農園)이 제정했다. 날짜는 발아와 발음이 비슷한 20일(はつか)로 정했다.



- 12월 30일 '미소(みそ)의 날'

미소 생산자 단체가 제정했다. 날짜는 30일을 '미소카(みそか)'라고 읽기 때문에 매월 30일로 정했다.

∞ 미소 ∞

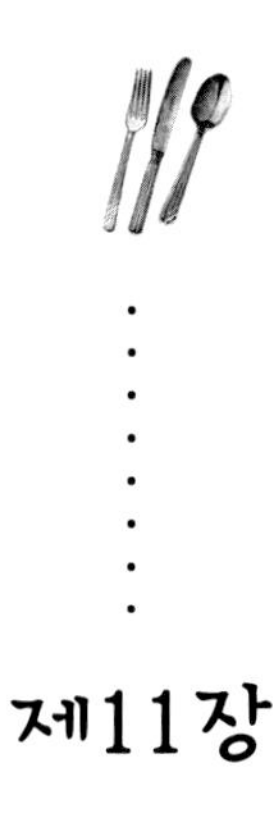

# 제11장

# 생선에 얽힌 에피소드



사방이 바다로 둘러싸인 섬 나라 일본은 생선 섭취량이 많은 나라이다. 오랜 옛날부터 최근에 이르기까지 물고기에 얽힌 에피소드를 정리했다. 참고로 일본을 대표하는 생선은 '비단 잉어'이다.

## '호초시키(庖丁式)' 일본 요리 궁극의 출발점

시조류호초도(四条流庖丁道)는 헤이안 시대부터 시작되었다고 전해지는 일본의 유파로 '호초시키'라고도 한다. 호초도(庖丁道)는 조리 기구 중 가장 자주 사용하는 칼로 요리에 관한 예절과 전고, 조리법 등을 상징한 것이다.

시조류의 기원은 후지와라 야마카게(藤原山蔭, 시조 추나곤, 824년~888년)가 고코(光孝) 천황의 칙명으로 호초시키(음식 범절)의 새로운 방식을 정한 것에서 유래했다.

이후 계승되어 무로마치 시대(室町時代) 후기 시조류의 의미를 정리한 요리서로서 『시조류호초쇼(四条流庖丁書)』가 있다.

### ・교묘한 칼질을 선보이다

시조류호초시키의 순서가 기술되고 구체적인 요리법이나 젓가락・상을 장식하는 방법 등도 기재되어 있다.

또 기러기 전・조전, 어묵, 새 꼬치 요리・회, 새우 후나모리(舟盛り)*, 고노와타(このわた)**, 도미 우시오니(うしおに)*** 등 다양한 요리가 소개되고 있다.

시조류에는 '회에 곁들이는 고추냉이와 소금은 나란히 놓을 것', '식초도 반드시 곁들일 것' 등 흥미롭게 기술한 부분도 많다. 하나가쓰오(花鰹)****의 사용도 기록되어 그 당시부터 이용된 것이 알려졌다.

식칼 의식에서는 식칼꾼이 식칼과 하나바시(真魚箸)*****를 이용해 잉어를 가

---

* 배 모양의 그릇에 생선회를 푸짐하게 담은 것.

** 해삼 창자로 담근 젓.

*** 도미・가다랑어 따위를 물에 끓여 소금으로 간을 한 것.

**** 가다랑어포를 잘고 얇게 썬 것(고등어를 재료로 한 것도 가리킴).

***** 생선요리를 먹는 젓가락.

른다. 시조식 식칼 의식으로 알려져 있으며 교묘한 식칼 놀림에 의한 장엄한 기술은 현재에도 계승되어 이루어지고 있다.

후지와라 야마카게가 지금까지의 전통으로 불리는 잉어 가르는 기법을 무사들이 쓰던 두건인 에보시(烏帽子)를 쓰고 무사의 예복을 입은 모습으로 재현하고, 마나바시만을 이용해 잉어 · 도미 · 가다랑어 등에 일절 손을 대지 않고 생선살을 발라낸다. 이것은 각지의 신을 제사 지내는 행사에서 봉납하기도 한다.

## '은어 뼈 바르는 법' – 일본 전통 곡예 중 하나

이것은 요정에서 기생 등이 은어 구이의 형태를 흐트러뜨리지 않고 젓가락으로 뼈를 빼내는 기술이다. 젓가락으로 비비는 방식이 비결이라고 한다. 천연 은어로만 할 수 있는 곡예로 양식 은어로는 할 수 없다.



### 은어 뼈를 바르는 순서

– 지느러미를 모두 잘라, 오른쪽 위에 모아 둔다.

– 휴지 혹은 왼손으로 머리를 누른다.

– 몸통 부분을 젓가락으로 위에서 누르면 S자로 굴곡이 생긴다. 그것을 누르면서 등과 배를 젓가락으로 비빈다.

구운 연어의 뼈를 젓가락과 손으로 발라낸다

– 생선을 일으켜 등 부분부터 젓가락으로 위에서 힘껏 누른다(뼈 주위에 빈 공간을 만든다). 은어를 세우고 등을 젓가락으로 누르면서 양쪽을 손가락으로 비빈다.

– 머리에서 뼈를 뺄 경우에는 꼬리 지느러미 부분을 꺾는다.

– 꼬리에서 뼈를 빼려면 머리를 누른다. 아가미 옆을 젓가락으로 찔러 뼈를 끊는다.

머리(혹은 꼬리)에서 조용히 뼈를 제치고 상부에 둔다. 꼬리 안쪽부터 약간의 구멍을 내어 배를 왼손으로 누르면서 오른손으로 쓱 뼈를 빼내면 깨끗이 뼈가 빠진다.



## 생선의 방향 – 머리를 왼쪽에 두는 이유

사방이 바다로 둘러싸인 일본은 생선을 즐겨 먹는 나라이다. 생선에 얽힌 관습도 많다.

우선 꼬리도 머리도 붙어 있는 생선을 '오카시라쓰키(お頭付き)'라고 부르는데 옛날부터 신에게 올리는 제사에 자주 사용하는 상서로운 모양으로 축하 자리에는 빼놓을 수 없는 것이다.

그런데 생선 구이, 생선 조림 등을 접시에 얹을 때 머리를 왼쪽으로 두는데 그 이유는 무엇일까.

생선 머리를 왼쪽에 두면 왼손으로 머리를 누르

생선을 놓는 방향

고 오른손으로 젓가락을 집어 살을 발라내기 좋다. 또 앞면을 먹은 후 꼬리를 젓가락으로 집어 들면 그대로 살에서 뼈를 빼낼 수 있으므로 흉하게 뒤집지 않아도 된다.

한편 어류 도감도 생선 머리가 모두 왼쪽으로 되어 있다. 물고기의 그림이라 하면 보통 머리를 왼쪽으로 그리는 사람이 대부분이다. 이것은 세계 최초의 어류 도감을 만든 학자가 처음에 부검을 하고 그 흔적이 보이지 않도록 생선의 머리를 왼쪽 방향으로 바로잡아 놓고 스케치했기 때문이라고 한다.

**· 그 외에도 다양한 설이 존재**

- 생선의 심장이 왼쪽에 있는 듯해서 그것을 손상시키지 않고 해부하려면 오른쪽을 절개해야 한다. 그 후 해부한 면을 아래로 가게 하면 당연히 스케치용 물고기의 모습은 머리가 왼쪽에 온다.

- 지느러미 방향으로 오른손에 칼을 쥐면, 생선 머리가 왼쪽 방향을 향하는 것이 지느러미 아래로 칼이 잘 들어간다. 젓가락의 경우도 마찬가지이다.

- 오키나와의 한 장소에서는 구루쿤(グルクン) 튀김의 등 지느러미를 위로 향하게 하여 상에 내놓지만, 머리는 왼쪽이다. 왼쪽에 흠이 있는 생선은 가치가 떨어지기 때문에 가격도 싸게 거래된다. 전갱이 등의 히라키(開き)*는 먹기 쉽도록 껍질을 밑으로, 살을 위로 향하게 하는 것이 일반적이다.

---

* 생선의 배를 갈라서 말린 것.

## 쾌면 활어 – 바늘로 물고기를 잠들게 하는 세계 최초의 처리 방법

'쾌면 활어'란 살아있는 생선을 바늘로 찔러 운동 신경 중추를 마비시켜 물고기를 잠든 상태로 만드는 세계 최초의 획기적인 처리 방법으로 유통시키는 활어를 말한다.

쾌면 활어에 이용하는 물고기를 잠재우는 기술은 오이타(大分) 현에 있는 '물고기 기획'의 오랜 연구로 개발된 기술이다. 생선에 주사 바늘만 꽂고 약품 등을 일체 사용하지 않으므로 인체에 유해한 것은 전혀 걱정하지 않아도 된다. 이로 인해 안전하고 신선한 생선을 일반 소비자에게 제공하는 일이 가능해졌다.



생선의 신선도는 피로와 스트레스와 관련 있는데 생선의 맛이 퇴화하는 요인이다. 생선이 피로하거나 스트레스를 많이 받으면 피가 걸쭉해지고, 그 피비린내가 그대로 남아 버린다.

물고기를 쾌면처리하면 피를 깨끗한 상태로 유지하고, 주문이 들어온 뒤 핏물을 제거하여 쓸데없는 냄새를 체내로부터 제거해 최고의 상태로 납품할 수 있다.

### · 비린내가 나지 않아 오래 보존할 수 있다

생선은 시시각각 사후 경직, 연화 숙성이 진행되는 가운데 상태가 변하는데 그 중에서도 잡히고 나서 생생한 살의 식감을 즐길 수 있는 시간은 극히 짧다. 하물며 산지에서 도쿄로 보내는 시간을 생각하면 산지에서 맛 볼 수 있는

ꕤ 수면 상태이므로 신선도가 떨어지지 않는다 ꕤ



생생한 느낌을 도쿄에서 맛 보는 일 따위는 불가능했다.

활어가 가진 생선 본래의 맛과 탄력 있는 식감을 어디서든지 맛볼 수 있게 한 최고 품질의 생선, 그것이 '쾌면 활어'이다.

쾌면 처리된 생선이 지닌 특징은 탄력을 느낄 수 있는 식감과 생선 특유의 비린내가 없다는 것이다. 또 오래 보존할 수 있다. 복어처럼 얇게 회를 뜨는 물고기의 경우, 몸에 투명감을 더한다. 물 탱크 없이 매장에서도 활어를 제공할 수 있다. 지금까지 선어(鮮魚)로밖에 제공하지 못한 참치 등의 회유어(回遊魚)류도 활어로서 제공이 가능하다.

## 참치 해체 쇼

참치는 물고기를 대표하는 영웅이며 특히 회는 각별한 맛과 식감을 가진다. 참치의 호칭은 눈이 크고 검은 물고기를 '메구로(目黑)'라고 부르는 것에서 따와 '참치(마구로)'가 되었다고 한다.

참치 해체 쇼는 손님에게 참치에 대한 설명과 함께 칼 솜씨를 선보이며 한 마리의 참치를 해체하여 신선하게 제공하는 것이다. 해체 후 초밥, 회 등으로 먹을 수 있다. 눈앞에서 펼쳐지는 참치 해체 쇼는 결혼식 등 각종 행사가 열리는 행사장에서 볼 수 있다.

참치는 어획되자마자 피를 제거하고 아가미와 내장을 빼내 시장에 나온다. 이 상태를 마루라고 부른다. 여기에 머리와 꼬리를 자른 상태가 드레스다. 이 상태로 소매점에 제공되지는 않는다.



### ▪ 긴 전용 식칼을 구사

참치 해체 쇼에는 드레스 상태의 참치를 사용한다. 1.5m나 되는 참치 회칼은 보통 둘이서 쓰는데 한 사람은 끝 부분을 지탱하고 호흡을 맞춰 참치를 자른다.

30kg 안팎의 소형 참치는 길이가 반 정도되는 칼을 사용하며 혼자서 회를 뜬다. 데바보초(出刃包丁)*와 우도(牛刀)도 가능하다.

우선 참치 회칼을 몸통 한가운데에 가로로 넣어 5장으로 뜨면 등 2개, 배

* 날이 두껍고 폭이 넓으며 끝이 뾰족한 식칼.

2개 합계 4개가 된다. 이 상태를 로인(1정)이라고 부른다. 로인에서 가로 세로 3등분한 것은 블록이라고 한다. 음식점과 생선 가게에서는 로인이나 블록 단위로 구매하여 판매한다.

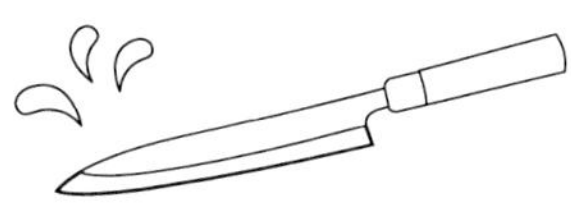

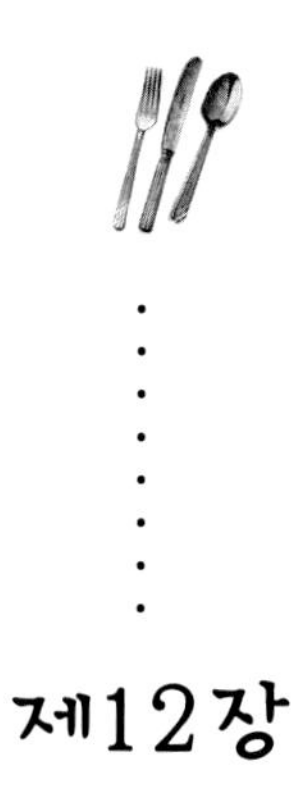

# 제12장

# 옛날부터 전해 내려온 습관



일본에는 옛날부터 전해 내려오는 음식에 관한 습관이나 풍습도 많은데 한번 살펴보도록 하자.

## '도시코시소바(年越しそば)' – 일 년 동안의 안녕을 기원하는 풍습

도시코시소바는 섣달 그믐날(12월 31일)에 소원을 빌고 먹는 소바이다. 지

역마다 특색이 있어 호칭도 미소카(晦日)소바, 오토시(大年)소바, 쓰고모리(つごもり)소바, 운(運)소바, 오미소카(大晦日)소바, 도시토리(年取り)소바, 엔키리(年切り)소바, 주묘(寿命)소바, 후쿠(福)소바, 시안(思案)소바 등으로 다양하다.



도시코시소바는 에도 시대에 정착한 일본의 풍습이다. 소바는 다른 국수보다 끊어 먹기 쉽기 때문에 '한해의 재난을 끊는다'는 의미가 담겨 있는데 섣달 그믐날 밤 새해 맞이 전에 먹는다. 2012년 현재, 섣달 그믐날에 소바를 먹는 사람은 57.6퍼센트에 이르러 문화로서 깊이 정착해 있다는 것을 보여준다. 도시코시소바는 일본 각지에서 볼 수 있는 문화이며 지역의 특색에 따라 다양한 형식의 소바가 존재한다.

### ▪ 지역마다 먹는 날짜가 다르다?

일본에서는 일반적으로 도시코시*에 소바를 먹는 경우가 많지만, 지방에 따라서는 다른 시기에 소바를 먹고 섣달 그믐 날 밤에는 다른 요리를 먹는 경

* 섣달 그믐날 밤 또는 입춘 전날 밤(의 행사).

우도 있다.

후쿠시마 현 아이즈(会津) 지방에서는 설날에 소바를 먹는다.

니가타 현에서는 1월 14일(음력 정월대보름 전날)이나 1월 1일(설날)에 소바를 먹는 풍습이 있다.

후쿠이(福井) 현에서는 약간 진한 국물에 무를 갈아 넣고 파와 가쓰오부시를 얹은 에치젠 소바를 먹기도 한다.

가가와(香川) 현에서는 지역의 사누키 우동을 먹는 사람도 있지만, 2010년 시코쿠 학원 대학(四国学院大学)의 학생이 가가와 현민을 대상으로 실시한 조사에서는 작년 연말에 '우동을 먹었다'고 응답한 사람의 비율은 소바가 43%인데 반해 22%에 불과 했다.

오키나와 현에서는 일본 소바가 아니라 일상 생활에서 자주 먹는 오키나와 소바를 먹는 사람이 많다.



그 밖에 소바 대신 연어, 정어리 등 다른 요리를 먹는 지방도 있어 지역에 따라 다르다.

## '오쿠이조메(お食い初め) 축하상' – 신생아가 음식 먹는 흉내를 내는 전통 의식

오쿠이조메는 신생아의 생후 100일째(또는 110일째 120일째)에 이루어지는 전통 의식이다. 개인차는 있지만, 신생아는 생후 100일경에 젖니가 나기 시작하는데 이 시기에 '한 평생 먹는 것으로 곤란을 겪지 말라'는 의미로 아기에게 음식을 먹이는 흉내를 내는 의식이다. 이 의식은 헤이안 시대부터 전해 내려오고 있다. 에도 시대에는 생후 120일 지나면 밥과 생선, 5개의 떡, 국, 술 등의 요리(전부:상에 올려 제공하는 식물 · 요리)를 갖추고 유아에게 먹이는 흉내를 냈다.

'마나하지메(真魚始め)'* 또는 '다베하지메(食べ初め)', 또 처음으로 젓가락을 사용하므로 '하시소로에(箸揃え)', '하시하지메(箸初め)'라고 불린다. 그 외에도 축하하는 시기가 생후 100일 전후이므로 '백일(모모카) 축하', '하가타메'라고 부르는 지역도 있다.

▪ 축하상에는 국 한 그릇에 3가지 반찬이 기본

전통적인 형태의 '오쿠이하지메'는 국 한 그릇에 3가지 반찬을 갖춘 '축하상'이 준비된다. 여기에는 도미 등 머리와 꼬리가 그대로 붙어있는 생선 및 팥 · 땡감 · 채소 절임, 홍백떡 외에 들이마시는 힘이 강해지라고 국과 이가 튼튼해지라고 하가타메 돌이 쓰인다. 오랜 풍습에서는 그 지역 신사의 경내에서 '하가타메 돌'을 내려주시고, 의식이 끝나면 다시 경내에 바친다. 한편 자갈 대신 딱딱한 밤톨을 제공하는 지역도 있다. 또 오사카와 간사이 지방에서는 조약돌 대신 문어를 제공하는 풍습이 존재한다.

식기는 정식으로는 칠기를 사용한다. 그릇 옻칠의 색깔도 아기의 성별에 따라 다른데 아들은 국내외적으로 적색, 여아는 검정색으로 안쪽이 붉은 빛이다.

이런 정식 형태가 아니더라도 간단하게 이유식으로 의식을 치른 뒤 우유나 모유에서 이유식으로 전환하는 계기로 삼아도 된다.



* 아이가 생후 처음으로 어육을 먹는 의식.

## '기라이바시(嫌い箸)' – 젓가락질의 매너를 위반해서는 안 되는 일

중국을 비롯한 동 아시아 전역, 동남아 등 젓가락을 사용하는 식생활 문화권에는 젓가락을 사용할 때 조심해야 할 매너가 있다. 일본에서는 젓가락과 관련된 식사 예절에 어긋나는 행동을 기라이바시라고 한다. 여기에서는 함께 있는 사람과 즐겁게 식사할 수 있도록 기라이바시에 대해 알아보고자 한다.

▪ 오가미바시(拝み箸)

두 손에 젓가락을 끼고, 기도하는 행동을 말한다.

▪ 호토케바시(仏箸), 다테바시(立て箸)

젓가락을 밥에 꽂아서 세우는 행동으로 불교식 장례 때 사잣밥을 사자에게 바치는 방식이다.

ℵ 호토케바시 ℵ

▪ 가에시바시(返し箸) · 사카사바시(逆さ箸)

젓가락을 거꾸로 사용하여 여러 사람이 먹는 요리를 나누는 행위이다. 자신의 손이 닿은 곳으로 요리를 집게 되고 젓가락의 상부가 더러워져 보기 안좋기 때문에 예의에 어긋나는 행위로 여긴다. 음식을 나눌 때에는 따로 도리바시(取り箸)*를 사용하는 것이 예의이다.

* 반찬이나 과자 따위를 분배할 때 쓰는 젓가락.

- **소라바시(空箸)**

요리에 젓가락을 가져갔다가 집어 먹지 않고 다시 젓가락을 빼는 행동을 말한다. 옛사람이 제공된 음식에 독약이 들었다고 의심할 때 이와 같은 행동을 했기 때문에 음식의 제공자에게 무례한 행동이다.

- **니기리바시(握り箸)**

2개의 젓가락을 꽉 움켜쥐고 식사에 사용하는 행동을 말한다. 자신의 방식으로 손가락을 다루고 젓가락을 움직이는데, 젓가락을 아직 사용해본 적이 없는 유아에게 많이 볼 수 있는 사용법이므로 나이가 많은 아이나 어른에게는 부적절한 행동이다. 또 예로부터, 식사 도중에 니기리바시 모양으로 쥐는 행위는 공격 준비로 간주되었으므로 오늘날에도 용인하기 어렵다. 식기를 가지고 있는 손으로 젓가락을 함께 잡는 행동을 가리키는 경우도 있다.

ꕤ 니기리바시 ꕤ

- **요코바시(横箸)**

젓가락 두 개를 쥐고 스푼처럼 음식을 들어 올리는 동작이나 젓가락을 핥는 동작을 말한다.

- **지카바시(直箸)**

여러 사람이 함께 음식을 먹을 때 도리바시를 사용하지 않고 개인 젓가락으로 직접 덜어 먹는 행동을 가리킨다. 자신이 먹던 젓가락으로 남에게 음식을 나눠주는 행동도 해당한다.

단 친한 사이나 여러 가지 음식을 손님에게 먹어보게 하고 싶은 경우에는

'지카바시로 드셔보세요'라고 권할 수 있다.

이것은 일본 특유의 기라이바시로 중국이나 대만, 한국 등 도리바시가 존재하지 않는 지역에서는 문제되지 않는다. 일본 이외에 홍콩에도 도리바시 문화가 있다.

▪ 지가이바시(違い箸)

종류나 재질이 다른 젓가락을 한쌍으로 사용하는 행위를 말한다. 보통 화장 후 유골을 주울 때 종류가 다른 젓가락을 한쌍으로 쓴다.

▪ 아와세바시(合わせ箸)

젓가락에서 젓가락으로 음식을 전달하는 행위를 말한다. 화장 후 유골을 주울 경우 젓가락에서 젓가락으로 유골을 건넨 후에 납골항아리에 넣어 둔다. '히로이바시(拾い箸)', '하시와타시(箸渡し)'라고도 한다.

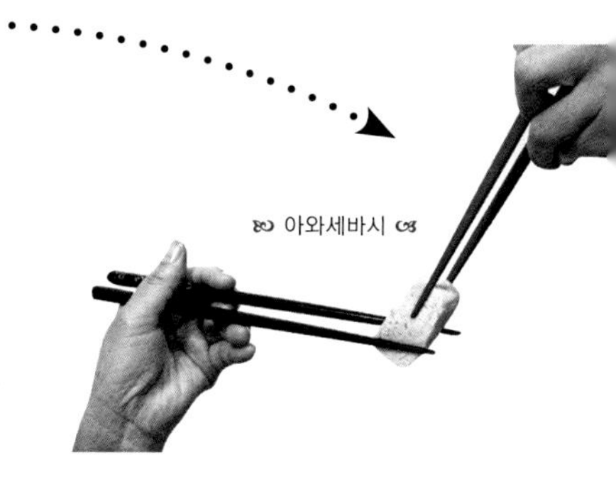

아와세바시

▪ 다다키바시(叩き箸)

젓가락으로 그릇을 두드려 소리를 내는 행위를 말한다. 사람을 부르는 목적으로 그러한 행동을 하거나 식기를 타악기처럼 치며 노는 행위는 예의가 아니라고 본다. 덧붙여 일본에는 '차왕을 두드리면 망령(餓鬼)이 온다'는 전설도 있다.

▪ 마요이바시(迷い箸)

어떤 음식을 먹을까 망설이면서 요리 이곳저곳으로 젓가락을 움직이는

행위를 말한다. 이러한 행위는 '마도이바시(惑い箸)', '나마지바시(なまじ箸)'라고도 한다.

▪ 세세리바시(せせり箸)

젓가락으로 음식을 쑤시는(뾰족한 것으로 쑤시는 행동을 반복) 행위로 요지바시(楊枝箸)를 가리키는 경우도 있다.

▪ 요지바시(楊枝箸)

이쑤시개처럼 젓가락으로 치아 사이에 낀 음식을 후벼 파는 행위를 말한다. 또 국물이 뚝뚝 떨어지기 쉬운 요리를 먹을 때, 젓가락에서 국물을 뚝뚝 떨어트리며 입에 넣는 태도를 말하기도 한다.

▪ 사구리바시(探り箸)



국그릇 바닥에 건더기가 남아 있지 않을까, 젓가락으로 그릇 안을 뒤적이며 찾는 행동을 말한다.

▪ 아라이바시(洗い箸)

국 등으로 젓가락을 씻어 내는 행위를 말한다.

▪ 가미바시(噛み箸)

젓가락을 씹는 행위를 말한다.

▪ 우쓰리바시(移り箸) · 와타리바시(渡り箸)

젓가락으로 어떤 요리를 집으려고 하다가 그 음식을 집는 것을 그만두고 다른 음식으로 젓가락을 옮기는 행위를 말한다. 덧붙여, 일단 젓가락으로 건

들였음에도 불구하고 그 음식을 안 먹고 다른 음식을 집으려는 행동을 가리킨다.

▪ 가키바시(掻き箸)

그릇에 입을 붙이고 젓가락으로 음식을 긁어 먹는 행위 또는 젓가락으로 머리 등을 긁는 행위를 말한다. 젓가락을 양손에 1개씩 가지고 음식을 잘라내는 행위를 말하기도 한다.

▪ 쓰키바시(突き箸) · 사시바시(刺し箸)

요리를 젓가락으로 찔러서 먹는 행위를 말한다. 보기에 좋지 않을뿐만 아니라 불에 익힌 음식이 익지 않았다고 의심하는 것처럼 보인다.

쓰키바시

▪ 모기바시(もぎ箸)

젓가락에 붙은 밥알 등을 입으로 떼어내는 행위를 말한다.
이런 행위를 하지 않기 위해 식사를 시작하기 전에 국을 한모금 홀짝이며 젓가락을 적시는 것이 예절이다.

▪ 네부리바시(舐り箸)

젓가락을 핥는 행위를 말한다.

▪ 구와에바시(銜え箸 / 咥え箸)

젓가락을 무는 행위를 말한다.

▪ 소로에바시(揃え箸)

젓가락을 그릇 등에 찔러 세우는 행위를 말한다.

▪ 스카시바시(透かし箸)

뼈 있는 생선의 앞면을 먹고 뼈 너머로 뒷면의 살을 쪼아 먹는 행위를 말한다.

▪ 하네바시(撥ね箸)

싫어하는 것을 젓가락으로 치워 놓는 행위를 말한다.

▪ 요세바시(寄せ箸)

멀리 놓여 있는 그릇을 젓가락을 사용하여 자기 쪽으로 끌어당기는 행위를 말한다.

▪ 가사네바시(重ね箸)

여러 음식 가운데 한 가지 음식만 먹는 행위를 말한다. '가타즈케쿠이(片付け食い)', '박카리타베(ばっかり食べ)'라고도 한다.

▪ 고미바시(込み箸)

젓가락을 사용해 입 안에 대량으로 음식을 채워 넣는 행위를 말한다.

▪ 오토시바시(落とし箸)

식사 중에 젓가락을 바닥에 떨어뜨리는 행위를 말한다.

▪ 후리아게바시(振り上げ箸)

젓가락을 손등보다 높이 올리는 행위를 말한다.

▪ 사시바시(指し箸)

젓가락으로 사람이나 물건을 가리키는 행위를 말한다.

- 하시바시·와타시바시(橋箸·渡し箸)

간단한 음식을 먹을 때 젓가락을 밥그릇 위에 얹혀 놓는 행위를 말한다.

- 모치바시(持ち箸)

젓가락을 든 손으로 동시에 다른 그릇을 잡는 태도를 말한다.

₰ 모치바시 ☙

젓가락을 쥔 채로 음식을 더 달라고 하는 행위를 말한다.

## '에호마키' – 세쓰분에 소원을 빌다



에호마키는 절기에 먹으면 재수가 좋다고 한다. 에호마키는 세쓰분 밤에 그 해의 길한 방향을 향해 마음 속으로 소원을 빌면서 통째로 씹어 먹는 것이 관례이다.

먹는 방법은 '눈을 감고' 먹는 등 다양하다. 보통 에호마키로서 후토마키*를 먹는데 그 외에 '추보소마키(中細巻)'**나 '데마키즈시(手巻き寿司)'***를 먹는 사람도 있다.

---

* 아주 굵은 굵기로 말아서 만든 김밥을 말한다.

** 중간 정도 굵기의 김밥을 말한다.

*** 손으로 말아서 만든 초밥을 말한다.

에호마키의 명칭은 편의점이 전국 발매를 하면서 상품명으로 채용한 것이다. 그 이전에는 '마루카부리즈시(丸かぶり寿司)' 등으로 불렸다. 오사카 지역에서는 간단하게 '마키즈시(巻き寿司)'나 '마루카부리즈시' 등으로 부른다.

별칭으로 '에호즈시(恵方寿司)', '쇼후쿠마키(招福巻)', '고운마키(幸運巻)', '가이운마키즈시(開運巻き寿司)', '후토마키마루카부리(太巻き丸かぶり)' 등으로 표현하기도 한다.

### ▪ 복을 말아 넣은 7종류의 속 재료

후토마키에는 7종류의 속 재료가 들어 있는데 그 숫자는 '장사 번창'과 '무병 안녕'을 바라는 일곱 복신에서 연유한 것으로 복을 끌어들인다는 의미가 있다.



이 외에 다른 해석도 있다. 오이를 푸른 도깨비(青鬼), 당근과 사쿠라덴부(桜でんぶ)*나 생강을 붉은 도깨비(赤鬼)처럼 만들어 '귀신을 먹고' 귀신을 퇴치한다는 설과 후토마키를 도깨비의 날개(도망 치던 도깨비가 잃어버린)처럼 만들어 괴물을 퇴치한다는 설도 있다.

7종류의 속 재료가 들어 있다

후토마키에 넣는 특정 7종류의 재료가 정해져 있는 것은 아니다. 최근에는 연어, 이크라, 오징어, 새우, 참치(네기토로 · 절인 참치) 등을 사용해 만든 '해물 에호

* 덴부란 흰살생선을 잘게 잘게 찢어서 설탕, 간장 등으로 간을 하고 조리해서 잘게 만든 음식재료이다. 사쿠라덴부는 덴부를 분홍색으로 물들인 것이다.

마키'라고 하여 매장에서 판매하기도 한다.

### ▪ 귀신이 싫어하는 정어리의 머리

한편, 입춘 전날에는 현관에 정어리의 머리와 호랑가시나무를 장식하는 풍습이 있다. 정어리 머리는 냄새 때문에, 호랑가시나뭇잎은 뾰족하고 아파서 도깨비가 오지 않는다는 것이다.

"정어리의 머리도 믿음에서부터(鰯の頭も信心から)"라는 속담도 이러한 관습으로부터 전해 내려온 것이다. 이것은 정어리의 머리같은 하찮은 것이라도 신앙의 대상이 되면 고맙게 느껴진다는 의미이다. 즉 정어리의 머리 같은 하찮은 물건이라도, 제물상에 모시고 기원하면 고맙게 느껴지고, 제3자의 눈에는 시시한 것으로 보이지만, 기원하는 사람에게는 소중하고 고마운 존재라는 뜻이다.

정어리 머리와 호랑가시나무

## '운수가 좋은 차 줄기'

왜 차의 줄기는 좀처럼 서지 않는 것일까? 그것은 차를 따랐을 때, 차의 줄기가 찻잔에 들어가는 것이 흔하지 않기 때문이라고 한다.

차의 줄기가 서려면 먼저 차의 줄기가 찻잔으로 들어가야 한다. 하지만 보통은 촘촘한 차 거름망을 쓰는 경우가 많아서 찻잔에 줄기가 들어가지 않는다.

규스(急須)*를 사용하면 차 거름망 부분의 구멍이 커서 줄기가 빠져나가지만, 최근의 찻주전자는 세세한 철망이 붙어 있는 것이 많아 차 줄기가 찻잔에 들어가기 어렵다.

육안으로는 보이지 않지만, 말린 차 줄기는 구멍이 많이 뚫려 있어, 여기에 따뜻한 물이 침투하여 차 줄기가 서는 것이다.



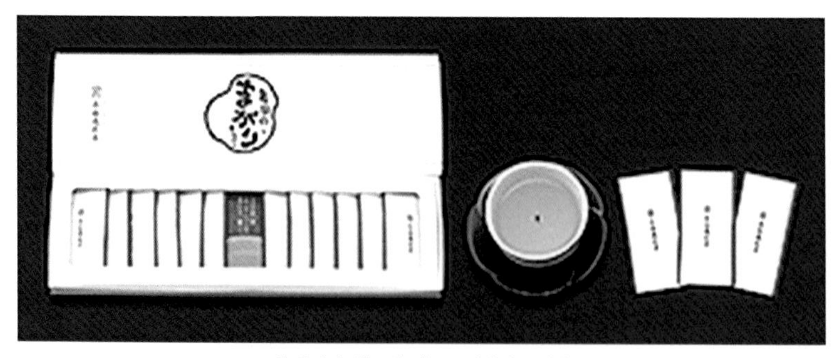

차 줄기가 서는 차 세트도 판매되고 있다

* 손잡이가 달린 차를 따르는 주전자 모양의 사기 그릇.

- 생각보다 잘 서는 차 줄기

차에서 줄기만 꺼내 찻잔에 넣어 물을 부으면 처음에는 떠 있지만, 그 상태에서 차가 물을 흡수하기 시작한다. 한쪽이 무거워지면서 비스듬해지고, 이윽고 수면에 선다. 차 줄기가 선 상태는 물보다 약간 가벼운 상태가 된 경우로, 생각보다 잘 선다. 이윽고 선 채 가라앉고, 일단 바닥에 서서 더운 물을 흡수하고 무거워져 점점 쓰러진다.

차에 따라 차 줄기가 서는 시간은 다르다. 순식간에 서는 경우도 있고 몇 시간이 걸리는 경우도 있다. 건조된 정도나 차를 거르는 방법이 다르기 때문이다. 충분히 건조한 엽차인 구기차는 물을 빨리 빨아들인다. 그래서 차를 찻잔에 따랐을 때 타이밍 좋게 차 줄기가 서는 것은 정말 보기 힘든 장면이다.

줄기를 모아 다른 진한 차에 넣으면 비교적 오랫동안 서 있는다. 아마 차의 가루가 물의 흡수를 막기 때문일 것이다.



## '구운 파 찜질' – 감기를 치료하는 민간 요법

구운 파 찜질은 옛부터 알려져 있는 민간 요법이다. 파는 몸을 따뜻하게 하는 효과가 있다고 알려져 있으며 목 아픔, 코 막힘, 기침, 가래에 효과가 있다.

파는 신선하고 부드러우며 굵은 것을 골라 잘 씻고 파의 흰 부분을 4등분하고 5~6cm로 잘라 세로로 칼집을 낸 뒤 망 위에 올려 불에 굽는다. '노릇노릇해질 때까지 굽고 거즈나 수건으로 파를 돌돌 말아서 칼집을 낸 부분이 목에 닿도록 수건 등으로 감아서 고정한다. 구운 파의 온도가 식으면 갈아 준다. 또

자기 전에 만들어 아침까지 목에 감고 있는 것도 효과가 있다.

### ▪ 소염 작용을 발휘

감기로 코가 막혔을 때는 파(5cm 정도 자르고 세로로 쪼갬)의 측면을 코에 10분 정도 대고 있으면, 코 막힘이 부드럽게 해소된다.

파에는 점막을 적당히 자극하는 혈액 순환을 좋게 하는 황화아릴화합물이 포함되어 있기 때문에 코 막힘뿐 아니라 목의 통증에도 효과가 있다. 이것은 파의 점액 성분에 의해 휘발성 성분이 따뜻한 목에 흡수되고 동시에 코나 입에서도 빨아들임으로써 파의 소염 작용이 서서히 목의 통증이나 기침을 낫게 한다.

파를 굽는 게 귀찮으면 파를 굽지 않고 천으로 감싼 뒤 목에 대고 있어도 좋다. 파의 소염 작용 때문에 괴로운 기침이나 목의 통증을 풀어 준다.



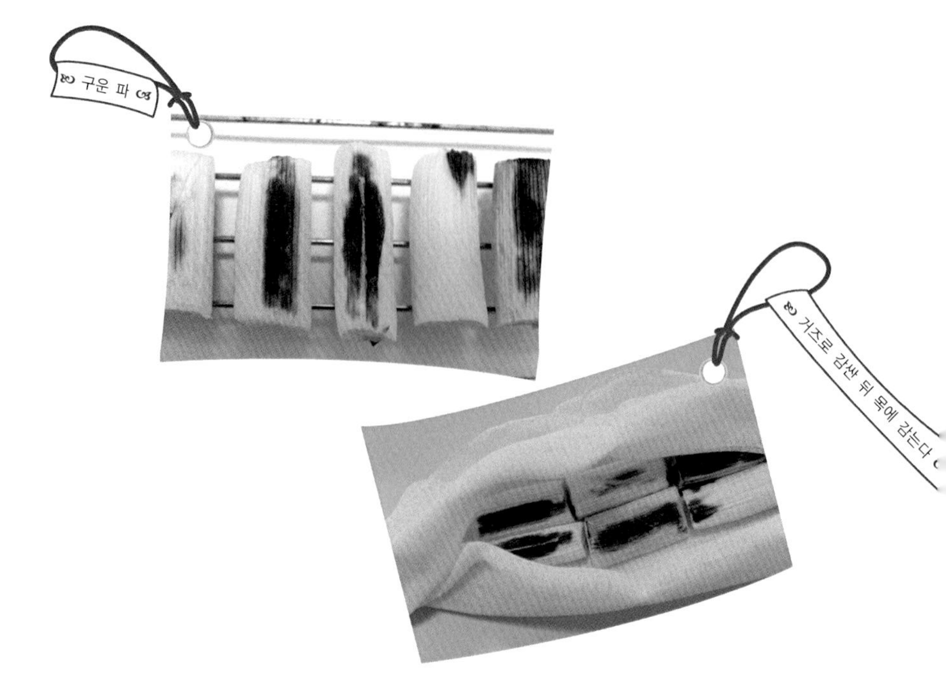

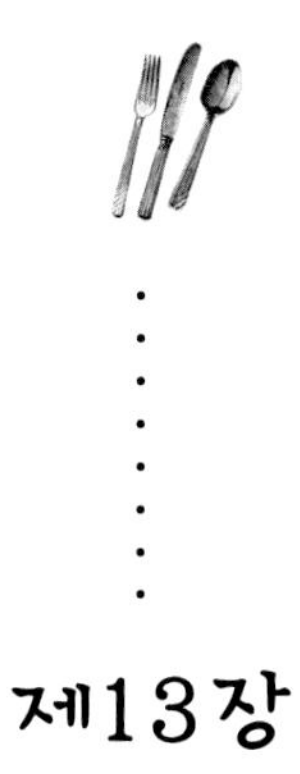

# 제13장

# 다양한 종류의 비상식



## '비상 식량' – 한 끼 식사(500kcal)를 상시 비축

재해나 분쟁 등의 비상 사태에 의해 통상적인 식량 공급이 어려운 때를 위한 식량을 '비상 식량'이라고 부른다. 일본에서는 오늘날 의미가 변화하여 재해시 · 조난시 식물 · 연료 · 음용수를 구하기 어려운 경우를 대비하기 위한 식량을 말한다.

이들 식품은 평상시에 항상 비축·관리하고 있으며, 지진·수해·대규모 화재·분쟁과 같은 다양한 유사시에 배급되어 소비된다. 그렇기 때문에 패트병에 들어 있는 음료수 외에 건빵과 통조림·레토르트 식품, 인스턴트 식품 등 보존성이 뛰어난 식품이 주로 이용된다. 전력이나 가스, 수도 등의 공급이 중지되는 것을 예상해 상온에서 보존이 가능하고 옥외에서도 특별한 기구 없이 조리할 수 있는 것이어야 한다.

특히 오늘날 시판되는 미네랄 워터, 통조림·레토르트 식품, 인스턴트 식품 등의 제품류는 일상적으로 소비되는 것이라도 유통 기한이 1~2년 정도인 것이 많기에 대규모 지진이 예상되는 지역에서는 가정 등에서 항상 비축하고 있는 경우도 많다.

### ▪ 캔에 넣어 유통 기한을 연장



한편, 방재용품으로서 특별히 보존성이 높은 것도 시판하고 있으며 시판 제품을 캔에 넣어 유통 기한을 늘린 것도 있다. 이들도 개인이 일상적으로 구입·비축하는 것이 가능하다. 또 지진이나 수해 등의 재해 발생이 예상되는 지역에서는 주민 보호 차원에서 국가나 지방 자치 단체에 의해 일정량의 보존식이 방재 창고라고 불리는 공공 보관창고에 비축되어 있다.

필요한 섭취 칼로리는 체형·성별·나이·노동 조건 등에 따라 개인차가 있다. 또, 여름이나 한겨울 등 계절이나 환경에 따라서도 차이가 있다. 구호 활동과 복구 작업 등의 중노동을 하는 사람은 평상시보다 더 많은 에너지가 필요하다. 최저 1끼에 대해 약 500kcal는 확보할 수 있도록 대비해 두자.

## 비상식의 예

부르봉 캔에 넣은 비상 식량

- 부르봉(ブルボン) 캔에 넣은 비상 식량

 –'건빵 5년 보존(カンパン 5年保存)'

 1통(100g)당 369kcal이다. 상온 저장으로 제조일부터 5년간 보존이 가능하다.



- '흰 죽'

1포대(230g)당 84kcal다. '맛있는 방재식' 시리즈는 UAA(울트라 안티 에이징) 제조법에 의해 5년 동안 보존이 가능한 방재식 반찬이다. 지금까지, 굶주림만을 해결해주는 방재식과는 달리 항상 먹던 가정식 요리를 먹음으로써, 재해시에도 마음이 든든해지도록 개발된 상품이다.

흰 죽

· 사타케(サタケ) '매직 라이스(보존식) 백반'

한 끼당(100g) 371kcal이다. '매직 라이스 백반'은 밥과 죽 모두 만들 수 있다. 밥은 160*ml*, 죽은 290*ml*의 물의 양이 적당하다. 보존 기간은 제조일로부터 5년이다.

ꟹ 사타케 매직라이스 백반 ꟹ



· 오레곤후리즈드라이(オレゴンフリーズドライ) '치킨 스튜'

1통의 중량은 538g(100g당 472kcal)이다. 보존 기간은 제조일로부터 25년이다.

식품의 퇴화 원인인 산소와 수분을 극한까지 제거했다. 동결건조 제조법에 의해 질소 주입이나 탈산소제로 산소를 제거해 완전히 밀폐함으로써 저장성을 높이고 있다.

ꟹ 오레곤후리즈드라이 치킨 스튜 ꟹ

▪ 요시자와 '물 끓이는 박스(湯沸かしBOX)'

불이나 전기를 일절 사용하지 않고, 발열제와 물의 힘만으로 무려 500㎖의 물을 끓일 수 있다. 따뜻한 물이 필요한 아기 우유나 비상 식량 등을 만들 때 사용한다. 만일의 사태에 대비해 물과 함께 상비하고 사용하지 않을 때에는 접어서 보관한다.

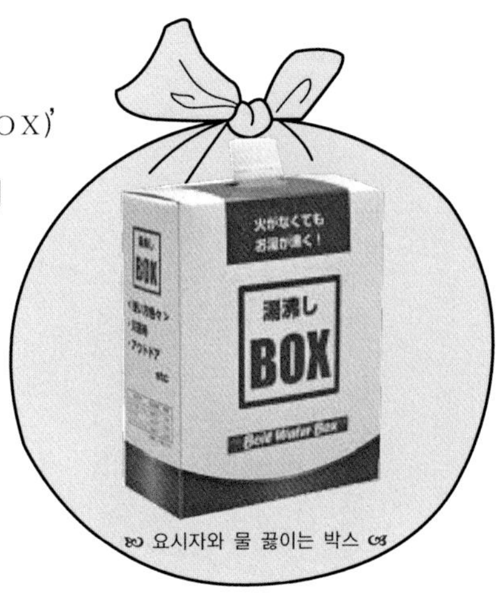


요시자와 물 끓이는 박스

▪ 이존(イーゾン) '휴대용 발열기계(携帯おかん器)'

약간의 물만 있으면 고온 증기로 음료, 레토르트 식품을 데울 수 있다. 레저부터 방재까지 다양한 용도로 활용한다. 물을 데워 커피나 수프, 오유와리(お湯割り)*도 만들 수 있다. 비상시 아기의 우유 만들 때에도 편리하다.

이존 휴대용 발열기계

* 소주·위스키 등에 더운 물을 타서 묽게 하거나 그런 음료.

· 이존 '따끈따근 가열 팩(あつあつ加熱パック)'

이존 따끈따끈 가열 팩

유효 기간은 약 5년이다. 약간의 물만 있으면 98℃의 고온 증기로 식품을 데울 수 있다. 레저에서 방제까지 다양한 상황에서 따뜻한 식사를 만들 수 있다.

물을 데워 커피나 수프, 오유와리도 만들 수 있고 아기의 우유를 만들기도 편리하다. 옥수수, 달걀도 찔 수 있다.



· '후지 미네랄 워터'

5년 동안 보존할 수 있는 '후지 미네랄 워터'는 쇼와 4년에 만들어져 대대로 이어져오는 브랜드이다. 총리 공관이나 영빈관, 일본에서 개최된 주요 선진국 정상 회의인 도쿄 서미트나 규슈·오키나와 정상 회의 등에서 탁상용으로 사용된 일본 최초의 내추럴 미네랄 워터이다. 1923년 9월 1일 관동대지진에서도 피해를 입지 않은 제국 호텔에서 사용하던 것이 이 후지 미네랄 워터이다.

후지 미네랄 워터

후지 산 기슭(해발 840m)에서 채수된 약

알칼리성 물로 순하고 목넘김이 좋은 연수이다.

총 미네랄 분은 100ml당 20mg, 특히 칼슘이 100ml당 3.2mg로 많이 포함되어 있고 미네랄 밸런스가 좋은 점도 특징이다. '연수'이면서 자연수라 유아에게도 안심하고 먹일 수 있다.

## 마치면서 ..........

일본에서는 상품과 전통을 함께 판매해 온 노포(老舖)와 유명 호텔 레스토랑의 식재, 유명 백화점에서 판매하는 식품 등의 위장표시가 사회적으로 문제되고 있다.



본서에서는 구하기 어려운 고급 음식 재료와 그것들을 카피한 식품의 예를 몇 가지 소개했다. 필자는 그 내용들이 이 책의 독자들에게 반드시 유용한 지식으로 남기를 바란다. 음식에 관한 진실을 모르면 그것에 대해 의문을 제기할 수 없고 유명 레스토랑 등의 이름값만으로 음식의 품질 등을 신뢰할 수밖에 없기 때문이다. 이러한 소비자의 브랜드 숭배와 과도한 브랜드 지향도 생각해봐야 할 문제이다. 건전한 식품 환경을 재구축하기 위해서라도 이 책을 꼭 읽어봐야 할 것이다.

마지막으로 일본에는 위장이 아닌 진짜 재료와 실력으로 승부하는 레스토랑도 많다. 기회가 있다면 꼭 일본에 와서 다양한 식품을 맛보길 바란다.

진짜? 가짜?
신기하고
재미있는
일본 음식
이야기

**초판 1쇄 발행일** 2014년 4월 30일

**지은이** 타무라 코지(田村幸治)
**옮긴이** 유태선
**펴낸이** 박영희
**편집** 배정옥
**디자인** 김미령·박희경
**인쇄·제본** AP 프린팅
**펴낸곳** 도서출판 어문학사
서울특별시 도봉구 쌍문동 523-21 나너울 카운티 1층
대표전화: 02-998-0094/편집부1: 02-998-2267, 편집부2: 02-998-2269
홈페이지: www.amhbook.com
트위터: @with_amhbook
블로그: 네이버 http://blog.naver.com/amhbook
다음 http://blog.daum.net/amhbook
e-mail: am@amhbook.com
등록: 2004년 4월 6일 제7-276호

ISBN 978-89-6184-333-1 03590
**정가** 15,000원

이 도서의 국립중앙도서관 출판시도서목록(CIP)은 e-CIP홈페이지(http://www.nl.go.kr/eci와
국가자료공동목록시스템(http://www.nl.go.kr/kolisnet)에서 이용하실 수 있습니다.
(CIP제어번호: CIP2014009880)